# 核桃
# 优质丰产高效栽培技术

刘遵春　主编

U0256285

中国农业出版社

# 内容提要

核桃具有结果早、投资少、见效快等特点，核桃栽培是目前农村产业结构调整和广大农民脱贫致富的有效途径之一。本书系统介绍了核桃的主要种类和优良品种、核桃的生物学特征、核桃育苗技术、核桃建园技术、核桃土肥水管理技术、核桃整形修剪技术、核桃病虫害防治技术以及核桃采后商品化处理技术等内容，能为核桃优质丰产高效栽培提供技术支撑。本书可供广大核桃种植户参考阅读。

主　　编　刘遵春

副 主 编　韩占江　杨　红

编　　委　刘遵春　韩占江　杨　红

# 前　言

核桃又称胡桃、羌桃，与扁桃、榛子、腰果并称为"世界四大干果"；既可以生食、炒食，也可以榨油，主要产于河北、山西、山东等省、自治区、直辖市，现全国各地均有栽培。

核桃具有很高的经济价值。据测定，每 100g 核桃仁中含水分 3～4g、蛋白质 14.9g、脂肪 58.8g，核桃中的脂肪 71％为亚油酸，12％为亚麻酸，碳水化合物 9.6g、膳食纤维 9.6g、胡萝卜素 30μg、维生素 E 43.21mg、钾 385mg、锰 3.44mg、钙 56mg、磷 294mg、铁 2.7mg、锌 2.17mg。胡萝卜素 0.17mg、硫胺素 0.32mg、核黄素 0.11mg、尼克酸 1.0mg。核桃脂肪不仅是高级食用油，而且还有较高的工业和药用价值。核桃仁可补气养血，温肠补肾，止咳润肺，是常用的补药，常食核桃可益命门，利三焦，散肿毒，通经脉，黑须发，利小便，去五痔。内服核桃青皮（中医称青龙衣），可治慢性气管炎，肝胃气痛；外用治顽癣和跌打外伤。坚果隔膜（中医称分心木）可治肾虚遗精和遗尿。核桃的枝叶入药可治疗多种肿瘤，全身瘙痒等。中国医学认为核桃性温、味甘、无毒，有健胃、补血、润肺、养神等功效。

本书共分 9 章：核桃概况、核桃的主要种类和优良品种、核桃的生物学特征、核桃育苗技术、核桃建园技术、核桃土肥水管理技术、核桃整形修剪技术、核桃病虫害防治技术及核桃采后商品化处理技术等。编者力求内容丰富，文字简练，重点突出，技术先进，图文并茂，可操作性强，本书适合广大核桃种植户和果树科技工作者阅读参考。本书出版承蒙国家自然科学基金——河南联合基金项目"新疆野苹果遗传图谱构建及重要农艺性状 QTL 定位"（U1304323）、国家科技支撑计划项目子课题"南疆沙区特色生态经济植物开发利用关键技术研究项目"（2014BAC14B04）和新疆生产建设兵团"兵团英才"选拔培养工程项目（第一周期第三层次培养人选）的资助，在此表示感谢！本书由刘遵春主持编写，其中第一章、第二章和第三章由塔里木大学韩占江撰写（3.5万字），第四章、第五章、第六章、第七章和第九章由河南科技学院刘遵春撰写（5.6万字），第八章由塔里木大学杨红撰写（2.5万字）。最后由刘遵春统稿、定稿。

在本书的编写过程中，编者借鉴和参考了多位同行的有关书籍和论文，在此特向原作者表示衷心的感谢！由于编者水平所限，时间仓促，难免存在错误和纰漏之处，敬请读者和同行专家指教。

编　者

2015 年 8 月

# 目 录

前言

第一章　概况 ·········································· 1

　一、我国核桃栽培现状 ···························· 1

　二、核桃的栽培价值 ······························ 2

　三、核桃的功效与作用 ···························· 3

　四、核桃的发展前景 ······························ 4

第二章　核桃的主要种类和优良品种 ·············· 6

　一、早实核桃品种 ································ 6

　二、晚实核桃品种 ······························ 24

第三章　核桃的生物学特征 ···················· 28

　一、核桃的植物学特性 ·························· 28

　　（一）根系 ·································· 28

　　（二）枝 ···································· 29

　　（三）芽 ···································· 31

　　（四）叶 ···································· 32

　　（五）花 ···································· 33

　　（六）果实 ·································· 33

二、核桃的结果习性 ……………………………………… 34

（一）花芽分化 ………………………………………… 34

（二）开花 ……………………………………………… 35

（三）坐果 ……………………………………………… 36

（四）果实发育 ………………………………………… 37

（五）落花落果特点 …………………………………… 38

三、核桃对周围环境条件的要求 ………………………… 38

（一）海拔高度 ………………………………………… 39

（二）温度 ……………………………………………… 39

（三）光照 ……………………………………………… 39

（四）土壤 ……………………………………………… 40

（五）水分 ……………………………………………… 40

（六）坡向或坡度 ……………………………………… 41

（七）风 ………………………………………………… 42

第四章　核桃育苗技术 …………………………………… 43

一、砧木苗的培育 ………………………………………… 44

（一）我国核桃砧木种类及特点 ……………………… 44

（二）采种及贮藏 ……………………………………… 45

（三）苗圃地选择与整地 ……………………………… 47

（四）播前种子处理 …………………………………… 48

（五）播种 ……………………………………………… 49

（六）苗期管理 ………………………………………… 50

二、嫁接苗的培育 ………………………………………… 52

（一）砧木选择 ………………………………………… 52

（二）接穗的选择 ……………………………………… 53

（三）接穗的采集、处理与贮运 ……………………… 53

（四）嫁接技术 ……………………………………… 55

**第五章　核桃建园技术** ……………………………… 64

一、园地的选择 ………………………………………… 64

（一）温度 …………………………………………… 64

（二）水分 …………………………………………… 64

（三）光照 …………………………………………… 65

（四）土壤 …………………………………………… 65

二、苗木的选择 ………………………………………… 67

三、栽植时期 …………………………………………… 67

四、栽植方式和密度 …………………………………… 68

五、授粉树的配置 ……………………………………… 68

六、栽植方法 …………………………………………… 69

七、栽后管理 …………………………………………… 70

（一）检查成活及补栽 ……………………………… 70

（二）苗木防寒 ……………………………………… 70

（三）定干 …………………………………………… 70

**第六章　核桃土肥水管理技术** …………………… 71

一、土壤管理技术 ……………………………………… 71

（一）土壤耕翻 ……………………………………… 71

（二）中耕除草 ……………………………………… 72

（三）园地覆盖 ……………………………………… 72

（四）合理间作 ……………………………………… 73

（五）水土保持 ……………………………………… 74

（六）种植绿肥与行间生草 ……………………… 75

二、施肥技术 ……………………………………… 75

（一）施肥的种类和时期 ………………………… 76

（二）施肥方法 …………………………………… 79

（三）施肥量 ……………………………………… 81

（四）微肥施用 …………………………………… 82

三、水分管理技术 ………………………………… 83

（一）灌水 ………………………………………… 83

（二）穴贮肥水 …………………………………… 84

（三）灌水量 ……………………………………… 85

（四）灌水方法 …………………………………… 85

（五）排水 ………………………………………… 88

第七章　核桃整形修剪技术 ……………………… 89

一、整形 …………………………………………… 89

（一）定干 ………………………………………… 90

（二）培养树形 …………………………………… 91

二、修剪时期 ……………………………………… 95

三、主要修剪技术 ………………………………… 95

（一）短截 ………………………………………… 95

（二）疏枝 ………………………………………… 96

（三）缓放 ………………………………………… 96

（四）回缩 ………………………………………… 97

（五）开张角度 …………………………………… 97

（六）摘心和除萌 ………………………………… 97

四、不同年龄时期的修剪技术 …………………… 98

（一）核桃幼树的整形修剪技术 ……………………… 98

（二）核桃成年树的修剪技术 …………………… 100

（三）核桃衰老期树的修剪 ……………………… 104

五、核桃放任大树的改造修剪 ……………………… 104

六、其他管理技术措施 ………………………………… 106

（一）幼树防寒 …………………………………… 106

（二）保花保果技术 ……………………………… 107

第八章　核桃病虫害防治技术 ……………………… 110

一、核桃主要病害及其防治 ………………………… 110

（一）核桃溃疡病 ………………………………… 110

（二）核桃腐烂病 ………………………………… 112

（三）核桃枝枯病 ………………………………… 113

（四）核桃褐斑病 ………………………………… 114

（五）核桃黑斑病 ………………………………… 115

（六）核桃炭疽病 ………………………………… 116

（七）核桃白粉病 ………………………………… 117

（八）核桃枯梢病 ………………………………… 118

（九）核桃根腐病 ………………………………… 119

（十）核桃根癌病 ………………………………… 120

（十一）核桃根结线虫病 ………………………… 121

（十二）核桃日灼病 ……………………………… 122

二、核桃主要虫害及其防治 ………………………… 123

（一）核桃小吉丁虫 ……………………………… 123

（二）核桃缀叶螟 ………………………………… 124

（三）刺蛾类 ……………………………………… 125

（四）铜绿金龟子 ·················································· 126

（五）芳香木蠹蛾 ·················································· 127

（六）核桃举肢蛾 ·················································· 128

（七）核桃瘤蛾 ···················································· 129

（八）栎黄枯叶蛾 ·················································· 130

（九）核桃叶甲 ···················································· 131

（十）山楂叶螨 ···················································· 131

（十一）核桃瘿螨 ·················································· 132

（十二）核桃黑斑蚜 ················································ 133

（十三）云斑天牛 ·················································· 133

（十四）桑天牛 ···················································· 134

（十五）核桃根象甲 ················································ 136

（十六）黄须球小蠹 ················································ 137

（十七）柳干木蠹蛾 ················································ 139

（十八）六星黑点蠹蛾 ·············································· 139

（十九）大青叶蝉 ·················································· 140

（二十）斑衣蜡蝉 ·················································· 141

（二十一）草履蚧 ·················································· 142

（二十二）桑盾蚧 ·················································· 143

（二十三）桃蛀螟 ·················································· 144

第九章　核桃采后商品化处理技术 ·································· 146

一、核桃采后商品化处理现状 ········································ 146

（一）国内商品化处理情况 ·········································· 146

（二）美国核桃的商品化处理情况 ····································· 147

二、适期采收 ······················································ 149

三、采收方法 …………………………………………… 149

四、脱青皮的漂洗技术 ………………………………… 150

（一）脱青皮的方法 …………………………………… 150

（二）坚果漂洗 ………………………………………… 151

（三）坚果晾晒 ………………………………………… 152

五、分级和包装 ………………………………………… 152

（一）坚果分级标准和包装 …………………………… 152

（二）取仁方法和分级标准与包装 …………………… 154

六、核桃的贮藏 ………………………………………… 155

（一）普通室内贮藏 …………………………………… 155

（二）低温贮藏 ………………………………………… 155

（三）膜帐密封贮藏 …………………………………… 156

参考文献 ………………………………………………… 157

# 第一章

# 概　况

## 一、我国核桃栽培现状

核桃在我国栽培已有 2 000 余年，除我国黑龙江、上海、广东、海南、台湾外，26 个省（自治区、直辖市）均有种植，主要产区在云南、山西、陕西、河南等省、自治区、直辖市。截至 2010 年年底，我国栽培面积达到 3 600 万亩*，年产坚果 128 万吨，较 1990 年的 14.9 万吨提高近 8 倍，核桃面积、产量均居世界首位。全国种植面积 1 万亩以上的重点县有 300 多个，其中面积在 10 万亩的有 131 个县。近 3 年核桃坚果的年出口量达 1 万～2.8 万吨。但由于经营管理粗放、核桃树老龄化、良种率低、采青等原因，造成产量低、品质差的现象。但市场价格却连年上扬、供不应求。由核桃加工的系列产品是我国传统的出口商品，热销日本、韩国等东南亚地区，以及德国、瑞士、英国、叙利亚、科威特等国家及地区，热销我国的港、澳、台市场，核桃市场的需求量在年年增加。

---

\* 亩为非法定计量单位，1 公顷＝15 亩。

# 二、核桃的栽培价值

核桃除了核桃仁有很高的食用价值外，其树干、枝、叶、青皮等也有很多的利用价值。

**1. 核桃仁**  核桃仁含油量一般在 60% 左右，最高达 76%，比其他含油植物含油量都高。核桃仁含蛋白一般在 15% 左右，最高可达 30% 左右，高于鸡蛋、鸭蛋，为豆腐的 2 倍、鲜牛奶的 5 倍、牛肉的 4.5 倍，被誉为优质蛋白。核桃仁还含有丰富的维生素及钙、铁、磷、锌等多种微量元素。核桃油的主要成分是脂肪酸、亚油酸和亚麻酸，约占总量的 90%，具有极高的营养保健价值。

核桃生食营养损失最少，在收获季节不经干燥取得的鲜核桃仁更是美味。目前，吃鲜核桃仁在发达国家比较普遍，已成为消费者餐桌上的一道美味菜肴。

**2. 核桃叶**  核桃的鲜叶可以榨取汁液，富含单宁的汁用作蚊香及其他工业原料。汁液还含有多种化学成分，具有一定的医疗价值，可用来治疗皮肤病、伤口及胃肠病等。其干物质含核桃蛋白 70% 以上，干叶可以作鸡、猪、羊、牛的饲料。

**3. 核桃细枝**  核桃的细枝也有医疗作用，细枝与鸡蛋共煮食用，可以有效地治疗宫颈癌、甲状腺癌等病症。

**4. 核桃粗枝**  核桃粗枝是制作高档的军棋、象棋、麻将牌、儿童玩具、儿童积木和工艺品等的上等材料。

**5. 核桃树皮**  核桃树皮加水熬制液可以治疗瘙痒；与枫杨树叶共煮煎熬的水，可治疗肾囊风。

**6. 核桃木材**  核桃木材质地细韧，花纹美丽，色泽淡雅，经打磨后光泽照人，容易着色。高档轿车、飞机、轮船等主要用材部位大多选用核桃木。

**7. 核桃的外层青皮** 核桃的外层青皮含有丰富的单宁，可制作考胶，用于染料、制革纺织等工业。核桃的青皮在中医验方中称作"青龙衣"，可治疗皮肤病及胃神经病等。青皮的浸出液可防治象鼻虫和蚜虫，是当今科学家探求植物源农药的主要原料。

**8. 核桃坚果硬壳** 核桃坚果硬壳可以制作活性炭，用做油毛毡工业级石材的打磨，也可磨碎做农用复合肥料。云南省大理、思茅等少数民族烧烤肉用的不是木炭，而是用核桃硬壳来烧烤肉，风味独特。

**9. 核桃仁的外部涩皮** 核桃仁的外部涩皮可以用作鸽子、鹌鹑等高档畜禽饲料的添加剂，能够有效地预防畜禽疾病。

**10. 核桃雄花序** 核桃雄花序用开水焯后，沥干水分，真空包装，是一种高档的蔬菜。不但可以烧、蒸、炒、炖，又可凉拌。目前已出口日本、韩国等东南亚国家。我国成都农家宴的餐桌上，到处可见核桃雄花序这道名菜。

**11. 核桃树根及其树体对环境的保护作用** 核桃树根深、冠大、叶茂，可以固结土壤，缓解地表径流，防止水土流失。具有较强的拦阻烟尘，吸收二氧化碳和净化空气的功效。核桃树是集经济效益、生态效益、社会效益、荒山绿化、水土保持和涵养水源于一体的优质生态树种。

# 三、核桃的功效与作用

核桃卓著的健脑效果和丰富的营养价值，已被越来越多的人所推崇。据测定，一斤*核桃仁相当于5斤鸡蛋或9斤牛奶或3斤猪肉的营养价值，而且更容易被人吸收。每百克核桃仁中含有的抗氧化物质，比柑橘高出20倍，比菠菜高21倍，比胡萝卜高出524倍，比西红柿高出68倍。所以每天早晚各吃2~3个核桃，对大脑神经的更新极为有益，就可达到补脑健身、强健体魄的效果。核桃仁中的脂肪酸、褪黑激素、生育酚和抗氧化剂等生物活性物质，可有效减缓和预防心脏病、癌症、动脉疾病、糖尿病、高血压、肥胖症和抑郁症的发生。

核桃还对其他病症具有较高的医疗效果，具有补气养血、润燥化痰、温肺润肠、散肿消毒等功能。

# 四、核桃的发展前景

核桃因其营养丰富，风味独特，名列世界四大坚果（核桃、腰果、榛子、巴旦木）之首，受到世界各国人民的喜爱。它栽植易，病虫害少，好管理，见效快，耐储放，营养价值高，食疗保健作用强，销路好，经济效益高，当代栽植，受益数代，受益年代长。发展核桃产业是丘陵、山区群众致富的一个好树种、一条好门路。

鉴于生活水平的日益提高，人们对健康与健脑食品的需求渐旺，预计核桃仁的年需求量将以5%的速度递增。我国核桃年总产量约5亿斤，但人口超过13亿，加之部分核桃出口，每人平均不到4两。2005年以来，核桃市场价格年年上扬。

用核桃为原料开发的核桃露、六个核桃等饮料，在市场上

---

* 斤为非法定计量单位，1（市）斤＝500g，1两＝50g。

愈来愈多，每箱 50～60 多元，且深受广大消费者青睐。市场上核桃油价格更高，每斤价格高达五六十元以上，可以算是贵族食品了。据预测，随着中国经济的崛起，人们保健意识的增强，国内外消费者对核桃及其产品的需求量必将持续增长，因此发展核桃产业潜力巨大，前景广阔。洛阳市政府近几年投入大量的财力与人力，大力发展核桃生产，把核桃当作一项产业来抓，将对山区的产业结构调整和农民兴林致富及生态环境的改善带来极大地变化。

# 第二章

# 核桃的主要种类和优良品种

核桃是胡桃科、胡桃属、乔木果树。目前，主要有核桃和铁核桃等两个栽培种。核桃在我国栽培历史悠久，品种繁多。近几年各地方选育的优良品种多达 40 余种，主要有早实核桃和晚实核桃两大类。

## 一、早实核桃品种

辽核一号　由辽宁省经济林研究所人工杂交选育而成，亲本为河北昌黎大薄皮优株 10103×新疆纸皮核桃早实单株 11001。1989 年通过部级鉴定。一年生嫁接苗定植 2～3 年开始挂果。坚果圆形，果基平，果顶略成肩形，纵径 3.5cm，横径 3.4cm，侧径 3.5cm，平均直径 3.46cm；平均坚果重 9.4g；最大 13.5g，平均干果 37～45 个/斤；壳面较光滑，色浅；缝合线微隆，结合紧密，壳厚 0.9mm，可取整仁。核仁饱满，浅黄色，出仁率 59.6%；脂肪含量 70%，蛋白质含量 18%，碳水化合物 9.8%，出油率 65.8%；仁色黄白，味香，品质上等。植株树势健壮，树姿直立，分枝力强，果枝率 90% 左右，侧芽果枝率可达 100%，每果枝平均坐果 1.3 个，连续丰产性强。

香玲　由山东省果树研究所1978年经人工杂交选育而成，亲本为上宋6号×阿克苏9号，1989年通过部级鉴定。一年生嫁接苗栽培2～3年即挂果。坚果圆形，果基较平，果顶微尖，纵径3.94cm，横径3.29cm。香玲核桃品种平均坚果重12.2g，壳面光滑美观，浅黄色，缝合线窄而平，结合紧密，壳厚0.9mm，香玲核桃品种可取整仁。核仁充实饱满，味香不涩，香玲核桃品种出仁率65.4%。核仁脂肪含量65.5%，蛋白质含量21.6%，香玲核桃品种坚果品质上等。植株分枝力强，树势中庸，果枝率达85.7%，侧芽果枝率88.9%，以中短果枝为主，每果枝平均坐果1.3个，丰产性好。该品种对核桃黑斑病、核桃炭疽病有一定的抗性。适宜土层较深厚的立地条件栽培。

鲁光　由山东省果树研究所1978年经人工杂交选育而成，1989年通过部级鉴定。一年生嫁接苗定植2～3年即挂果。坚果卵圆形，平均单果重12.08g，最大15.3g，三径平均3.76cm，壳面光滑美观，壳厚1.07mm，缝合线较紧，可取整仁，内种皮黄色，核仁饱满，出仁率56.9%，含油率66.38%。仁色中，风味香，品质中上等。在通风、干燥、冷凉的地方（8℃以下）可贮藏10个月品质不下降。植株树势较强，树姿开张，分枝力强；果枝率81.8%，侧芽果枝率80.8%，以长果枝为主，每果枝平均坐果1.3个。丰产性强。对核桃黑斑病、炭疽病有一定的抗性，适宜土层深厚的山地丘陵栽培。

元丰　由山东省果树研究所于1973年从邹城市草寺村的新疆早实核桃实生树中选出。1979年经省级鉴定。树势生长中庸，树冠开张，呈半圆形。树高3.5m，枝条密，较短，新梢绿褐色，分枝力为 1∶5.8。该品种为雄先型早实品种（雄花比雌花早开）。雄花比雌花早开 10 天左右。侧花芽结果率达 64.2%。每果枝平均坐果 1.95 个，坚果平均单果重 10.72～13.48g，每千克 78～90 个。壳面光滑美观，商品性状好，缝合线紧，壳厚 1.3mm 左右。仁饱满，可取整仁或半仁。内种皮黄色，微涩，品质中等。出仁率 46.25%～50.5%，仁脂肪含量 68.66%，蛋白质 19.27%。平均每平方米树冠投影面积产仁 385～400g，10～15 年生平均株产 15～30kg。该品种对黑斑病、炭疽病有一定抗性，坚果品质上等。目前在山东、河南、山西、陕西、河北、四川和贵州等地栽培。

绿波　由河南林业科学研究所从引种的新疆早实核桃实生树中选出，原代号为 7664、禹林 1 号，1989 年通过部级鉴定。一年生嫁接苗定植后 2～3 年开始挂果。坚果卵圆形，果基圆，果顶尖，纵径 4.14cm，横径 3.31cm，侧径 3.32cm，三径平均值 3.6cm 左右，平均坚果重 11.0g 左右。壳面较光滑，有小麻点，色浅，缝合线较窄而凸，结合紧密，不易开裂。壳厚 1.0mm，可取整仁。核仁充实饱满，浅黄色，味香而不涩，出仁率 59% 左右。核仁脂肪含量 70.0% 左右，蛋白质含量 18.8%。植株树势中强，树姿开张，分枝能力强，枝条粗壮，果枝率 86%，每果枝平均坐果 1.6 个，连续结实能力强。该品种较抗冻、耐旱，抗枝干溃疡病和果实炭疽病、黑斑病。适宜在土层较厚的华北黄土丘陵地区栽培。

岱香　由山东省果树研究所采用早实核桃品种"辽核 1号"为母本，"香玲"为父本杂交选育出来的核桃新品种。2003 年通过省级鉴定。坚果大，长圆形，纵径 4.0cm，横径

3.6cm，平均单果质量 13.9g；外壳较为光滑，缝合线紧，稍凸，不易开裂，壳厚 1.0mm，易取整仁；核仁质量 8.1g，出仁率 58.27%；核仁饱满，色浅味香，无涩味，脂肪含量 66.2%，蛋白质含量 20.7%，综合品质优良。树体强健，树冠密集紧凑，枝条粗壮。该品种属早实型品种，定植第一年开花，第二年结果，第四年进入丰产期。侧生花芽比率 95% 以上，多双果和三果，坐果率 70%。结果母枝抽生的结果枝短且多，果枝率 91.2%，连续结果能力强，丰产、稳产。最适宜在土层厚度 1.0m 以上，pH6.3～8.2 的北方核桃栽培区发展。

**岱辉**　由山东省果树研究所从早实核桃香玲实生后代中选出，1993 年定为优系，2003 年通过山东省林木良种审定委员会审定并命名。坚果圆形，纵径 4.1cm，横径 3.5cm，侧径 3.8cm；壳面光滑，壳厚 0.9mm，缝合线紧而平，稍凸，不易开裂；肉褶壁膜质，纵隔不发达。单果重 13.5g，出仁率 58.5%，可取整仁，内种皮浅黄色，无涩味；核仁饱满，味香不涩，脂肪含量 65.3%，蛋白质含量 19.8%，品质优良。树势强键，树冠密集紧凑；多双果和三果。嫁接苗定植后，第一年开花，第二年开始结果。雄先型。9 月上旬果实成熟。在土层深厚的平原地，产量高，坚果大，核仁饱满，好果率在 95% 以上。

**丰辉**　山东省果树研究所经人工杂交育成，属早实品种，坚果长圆形，单果重 12.2g 左右。壳面刻沟较浅，较光滑，浅黄色；缝合线窄而平，结合紧密，壳厚 0.9mm 左右；内褶壁退化，易取整仁。核仁充实、饱满，味香而不涩，出仁率 66.2%，脂肪含量 61.7%，蛋白质含量 22.9%。产量高，大、小年不明显。树势中庸，分枝力较强，侧生混合芽比率为88.9％；嫁接后第二年结果，坐果率70％左右。雄先型。该品种适应性较强，适宜在土层深厚、有灌溉条件的地区栽植。

**鲁丰** 由山东省果树研究所1978年经杂交育成，亲本为上宋6号×阿克苏9号，1989年定为优系，1996年通过省级鉴定。坚果椭圆形，果基微尖，果顶尖圆，纵径3.52cm左右，横径3.16cm左右，侧径3.38cm左右，平均坚果重13.4g左右。壳面不很光滑，多浅刻沟，浅黄色；缝合线窄而稍凸起，结合紧密，内褶壁退化，横隔膜膜质，壳厚1.0mm，可取整仁。核仁充实饱满，色浅，味香甜而不涩，仁质佳，出仁率60.2％左右；脂肪含量为71.2％左右，蛋白质含量为16.7％左右。树势中庸，树姿直立，树冠呈半圆形。分枝力较强，侧生混合芽比例为86.0％，坐果率80％，雄花数量极少，雄先型。该品种抗枝干溃疡病、炭疽病及黑斑病能力较强，适宜在土层深厚和有灌溉能力的山区丘陵地栽培。

**鲁香** 由山东省果树研究所1978年杂交育成，亲本为上宋5号×新疆早熟丰产。1996年通过省级鉴定。坚果倒卵形，果基尖圆，果顶微凹，平均坚果重12.7g，壳面较光滑，多有浅坑；缝合线较平，结合紧密，壳厚1.1mm，可取整仁或1/2仁。核仁充实饱满，浅黄色，有奶油香味，无涩味，品质上等，出仁率66.5％，脂肪含量为63.6％，蛋白质含量为22.3％。树势中庸，树姿开张，树冠半圆形。枝条较细，髓心小，分枝力强。侧生混合芽比率86.0％，雌花多双生，坐果率82％，雄花数量较少，雄先型。嫁接后第二年开始结果，较丰产。该品种较抗旱、抗寒，抗病性也较强，适宜在土层深厚的山区丘陵地区栽培。

鲁光　由山东省果树研究所采用卡卡孜（晚实）作母本，用上宋 6 号（早实）作父本杂交育成。1989 年通过林业部鉴定，为全国首批早实核桃新品种。坚果略长圆球形。平均单果重 14.9～18.5g，每千克 60～70 个，三径平均 3.76cm。壳面光滑美观，商品性状好，缝合线紧，壳厚 0.8～1.0mm。取仁易，可取全仁。内种皮黄色，无涩味，仁饱满，出仁率 56.2%～62.0%。仁脂肪含量 66.3%，蛋白质含量 19.91%，仁色浅，风味香，品质中上等。平均每平方米树冠投影面积产仁 244g。10～15 年生株产 10～20kg。树姿较开张。树冠半圆形，生长势强，树高 5m 左右，枝条较稀，新梢绿褐色。分枝力为 1∶5.5。该品种为雄先型品种，雄花比雌花早 13 天左右。侧芽结果率达 80.8%。结果枝平均长度 16.4cm。以中、长结果枝为主，每果枝平均坐果 1.44 个。该品种特丰产，品质优良，适应性一般，对肥水条件要求严格，目前在山东、山西、河北、河南、陕西、甘肃、四川等地均有栽培。

薄壳香　由北京林果所从新疆引进种子的实生树中选育而成。坚果长圆形，果顶微尖、果基圆，壳面光滑美观，壳厚 1.19mm，具浅条纹，缝合线较紧，可取整仁。平均单果重 12g 左右，最大 15.5g，三径平均 3.58cm，仁饱满，平均单仁重 7.9g，可取整仁。内种皮黄白色，味浓香，无涩味，出仁率 60% 左右。种仁含脂肪 64.39%、蛋白质 19.26%；仁色浅，风味香，品质上等。植株生长势强，树姿较直立，树冠圆头形。雌雄花同时开放，每果枝坐果 1～2 个。嫁接苗可当年结果，侧花芽率 70% 以上。该品种树势强健，丰产性较强，抗寒、耐旱、抗病性强，目前已在北京、河北、山西、陕西、甘肃等地栽培。

岱丰　由山东省果树研究所从丰辉核桃实生后代中选出，2000 年通过山东省农作物品种审定委员会审定。坚果长椭圆形，果顶尖，果基圆，果实中大型，纵径 4.85cm，横径 3.52cm，侧径 3.48cm，平均坚果重 14.5g。壳面较光滑，缝合线较平，结合紧密，壳厚 1mm，可取整仁。核仁充实、饱满、色浅、味香，无涩味，出仁率 58.9％。核仁脂肪含量 66.5％，蛋白质含量 18.5％。坚果品质上等。树势较强，树姿直立，树冠呈圆头形。枝条粗壮，较密集。混合芽肥大、饱满、无芽座，雌花多双生，腋花芽结实能力强。侧生混合芽比率为 87％，雄先型。嫁接后第二年开始结果，大小年不明显。该品种较抗旱，抗黑斑病，适宜在华北及西部地区的山区、丘陵栽培。

晋丰　由山西省林科所选自祁县引进新疆核桃的实生树。果中等大，卵圆形，平均单果重 11.34g，最大 14.3g，三径平均 3.47cm，壳面光滑美观，壳厚 0.81mm，微露，可取整仁，出仁率 67％，仁色浅，风味香，品质上等。植株生长中庸，树姿开张，分枝角 70°左右，树冠半圆形，短果枝强，属雄先型，早熟品种。嫁接苗可当年结果，侧花芽率可达 90％以上。该品种抗寒、耐旱，抗病性较强。适宜在肥水条件较好的地区作为鲜食或仁用品种栽培。

鲁核 1 号　山东省果树研究所从新疆早实核桃实生后代中选出，2001 年通过山东省林木良种审定委员会审定。坚果圆锥形，浅黄色，果顶尖，果基平圆，纵径 4.19cm，横径 3.2cm，侧径 3.19cm，平均坚果重 13.2g。果面光滑，外形美观；缝合线稍凸，结合紧密，不易开裂，核壳有一定的强度，耐清洗、漂白及运输。壳厚 1.2mm，可取整仁。核仁饱满，有香味，出仁率 55.0%，脂肪含量 67.3%，蛋白质含量 17.5%，坚果综合性状优良。树势强，生长快，树姿较直立。混合芽尖圆，中大型。以中、长果枝结果为主。坐果率 68.7%，多为双果。10 年生母树高达 9.5m。幼龄树生长快，3 年生树干径年平均增长 2.5cm，树高年平均增长 2.5m；早实性强，嫁接苗定植后，第二年开花，第三年结果；高接树第二年见果。适宜树形为主干疏层形，果粮间作适宜密度为 6m×12m，园艺栽培适宜密度为 4m×6m。在山东蒙阴，8 月下旬果实成熟。该品种生长速度快，果实性状优良，丰产稳产性好，抗逆性较强。适宜在我国大部分核桃栽培区发展，是一个优良的果材兼用型新品种，尤宜道路林网绿化。

鲁核 2 号　山东省果树研究所从新疆早实核桃实生后代中选出，2001 年定名。坚果扁圆形，黄白色，果顶微尖，果基圆；纵径 4.2cm，横径 3.4cm，侧径 3.45cm，平均坚果重 15.2g。壳面光滑，缝合线平，结合紧密。壳厚 1.25mm，可取整仁，出仁率 59.2%；核仁饱满，色浅、味香而不涩，坚果品质优良。树势强，生长快，树姿直立。坐果率 80%。每雌花序多着生 2 朵雌花，雄先型。六年生母树高达 5.2m，干高 1.72m，干径 7.5cm。嫁接苗定植后第二年树高 3.2m，第三年树高达 4.5m。树干浅灰色，光滑，多年生树干有纵裂纹。混合芽圆形，中大型，主、副芽分离。适宜树形为主干疏层形，果粮间作适宜密度为 6m×8m，园艺栽培适宜密度为 5m×6m。在山东蒙阴 8 月下旬坚果成熟。该品种生长速度快，抗逆性强，是一个良好的果材兼用品种，可作道路林网绿化使用。适宜我国华北、西北地区发展。

鲁果 2 号　由山东省果树研究所从香玲、丰辉、上宋 6

号、阿克苏 9 号等早实核桃品种的自然实生后代选育的核桃新品种。2007 年通过山东省林木良种审定委员会审定。青果果实长圆形，坚果柱形，纵径 4.62 cm，横径 3.88 cm，侧径 3.82 cm。单果质量 14.5 g，果皮淡黄色，顶部圆形，果基微隆，壳面较光滑，有浅纵向纹，缝合线紧、平。壳厚 1.0 mm，易取整仁。单仁质量 7.96 g，核仁饱满，浅黄色，味香，出仁率 59.60%，脂肪含量 71.36%，蛋白质含量 22.30%。幼树生长势强，树冠形成快，结果枝平均长 13.8 cm，果枝率 66.7%，母枝分枝力强。坐果率 68.70%，侧花芽占花芽的 73.6%，多坐双果和三果，以中、长果枝结果为主，丰产潜力大，稳产。嫁接苗定植后第二年开花，第三年结果，高接树第二年结果。该品种抗病性强，但在土、肥、水条件较差的地块栽培，生长缓慢，雄花较多，大小年结果明显，坚果品质较差。

鲁果 3 号　由山东果树研究所从鲁丰、上宋 6 号、中林 5 号等品种混合核桃实生苗中选育的核桃新品种，2007 年 12 月通过山东省林木良种审定委员会审定。青果圆形，坚果圆形，单果重 11.5 g，浅黄色，光滑，缝合线紧密，稍凸；壳厚 1.10 mm，内褶壁膜质，纵隔不发达，果仁饱满，单仁重 7.4 g，果仁浅黄色，香味浓，无涩味，综合品质上等；出仁率 64.00%，蛋白质含量 21.38%，脂肪含量 71.80%；在山东省泰安，果实 9 月上旬成熟，果实发育期 130 天左右。树势较强，树冠开张。幼树期生长旺盛，萌芽力、成枝力强。嫁接苗定植第一年即开花，第二年开始结果，多三果和四果。该品种对细菌性褐斑病、炭疽病、溃疡病有较强抗性，抗旱、耐瘠薄。适宜在山区、平原土层深厚的地块栽培。

鲁果 4 号 山东省果树研究所从新疆早实核桃实生后代选出的大果型早实核桃品种，2007 年 12 月通过山东省林木良种审定委员会审定。平均单果重 17.5g，最大单果重 26.2 g，卵圆形，壳面较光滑，缝合线紧，稍凸，不易开裂。壳厚 1.1mm，可取整仁，出仁率 55.21％。内褶壁膜质，纵隔不发达。内种皮颜色浅，核仁饱满，色浅味香，蛋白质含量 21.96％，脂肪含量 63.91％，坚果综合品质上等。树势强健，树冠长圆头形。幼树期生长旺盛，新梢粗壮。髓心小，占木质部的 42％。随树龄增加，树势缓和，枝条粗壮，萌芽力、成枝力强，为 1∶4.3。嫁接苗定植后，第一年开花，第二年开始结果，雄先型。正常管理条件下坐果率为 70％。侧花芽比率 85％，多双果和三果。结果母枝抽生的果多为中长果枝，果枝率高达 81.2％。

鲁果 5 号 山东省果树研究所从新疆早实核桃实生后代选出的大果型早实核桃品种，2007 年 2 月通过山东省林木良种审定委员会审定。平均单果重 17.2g，最大果重 25.2 g，卵圆形，壳面较光滑，缝合线紧、平，果实大，纵径 5.90cm，横径 4.3 cm，侧径 4.4 cm，青皮厚 0.34 cm；壳厚 1.0mm，可取整仁，出仁率 55.36％。核仁饱满，色浅味香，蛋白质含量 22.58％，脂肪含量 59.67％，坚果综合品质上等。树势强健，树冠开张。幼树期生长旺盛，新梢粗壮。髓心小，占木质部的 43.6％。随树龄增加，树势缓和，枝条粗壮，萌芽力、成枝力强，节间平均长为 2.43cm。分枝力强，为 1∶3，抽生强壮枝多。新梢尖削度大，为 0.52。混合芽大而多，连续结果能力强，雄花芽少，多年生枝不光秃，是该品种丰产、稳产的突出优良性状。嫁接定植后，第一年开花，第二年开始结果，雄先型。坐果率为 87%。侧花芽比率 96.2%，多双果和三果。结果母枝抽生的果枝多，果枝率高达 92.3%。

鲁果 6 号　是从新疆早实核桃自然实生后代选出的雌先型核桃新品种。青果长圆形；坚果近圆形，平均单果重 13.5g，壳面光滑，淡黄色；缝合线紧，平；平均壳厚 1.15mm，平均单仁重 7.46g，果仁浅黄色，易取整仁，核仁饱满，有香味，综合品质优良；出仁率 55.50%，脂肪、蛋白质含量分别为 64.90%、21.80%；丰产，核桃黑斑病和核桃炭疽病病果率均低于 5.00%；在山东省蒙阴，果实 8 月 24 日左右成熟，为早中熟品种。

鲁果 7 号　由山东省果树研究所以香玲作母本、华北晚实核桃作父本杂交育成的核桃新品种，2009 年 12 月通过山东省林木良种审定委员会审定。青果长圆形，坚果圆形；单果重 13.2 g；浅黄色，果基圆，果顶圆，壳面较光滑，缝合线平；壳厚 1.00 mm，内褶壁膜质，纵隔不发达，易取整仁，仁重 7.51 g，内种皮浅黄色，核仁饱满，香味浓，无涩味，坚果综合品质上等；出仁率 56.90%，脂肪含量 65.70%，蛋白质含量 20.80%，幼树生长势旺盛，新梢粗壮，新梢髓心小，髓心占木质部的 42.00%。随着树龄增加，生长势缓和，枝条粗壮，萌芽率高，成枝力强，分枝力 1∶3.0。果枝率 80%，结果枝平均长度 59.00 cm，多中果枝；侧花芽多，占 87%。混合芽抽生的结果枝着生 2～4 朵雌花，坐果率 70%，多坐双果，平均每个结果枝坐果 2.8 个。嫁接苗定植后第一年开花，第二年开始结果，该品种抗病能力较强，抗逆性较强，适应性广，在山区、平原地栽种均表现良好，结果早、丰产、品质优。

鲁果 8 号 由山东省农业科学院果树研究所选育，2009年通过山东省林木果品审定委员会审定。树姿较直立，树冠长圆头形，植株花期晚。嫁接苗定植后第二年结果，坐果率70%，侧花芽比率85%，多双果。高接 7 年生嫁接树亩产394.34 kg，平均每平方米冠幅投影面积结果 47 个，平均树冠投影面积产仁 0.3 286kg/m²。坚果重 12.6g，壳厚 1.0mm，出仁率55.1%，脂肪含量 66.1%，蛋白质含量 20.8%，核仁饱满，色浅味香，易取整仁。适应性广，抗逆性强。

辽宁 1 号 由辽宁省经济林研究所用新疆纸皮作母本，用河北昌黎大薄皮作父本杂交育成。1989 年通过林业部鉴定。坚果中等大，平均单果重 11.1g，最大 13.7g，三径平均3.3cm，壳面较光滑美观，壳厚 1.17mm，缝合线紧，可取整仁，出仁率55.4%，仁色浅，风味香，品质上等。植株生长中庸，树姿开张，分枝角 70°左右，树冠呈半圆形，果枝短粗，叶片较大，属雄先型，晚熟品种，嫁接苗可当年结果，侧花芽率80%以上。9 月中旬果实成熟。该品种适应性较强，丰产优质，可在丘陵山区下中部矮化密植栽培。

辽宁 2 号 由辽宁省经济林研究所通过人工杂交育成，1979 年通过省级鉴定。坚果圆形基心平，果尖为钝尖。果壳剖沟浅较光滑，缝合线平或微隆起，易开裂。单果重 12.6g，果壳 1.0mm 左右，易取仁，出仁率 60%左右，仁饱满，黄白色，树势中庸，树姿极紧凑，冠形为长圆形，分枝力强，结果枝短粗，密集，属短枝型，雄先型，果枝率为 100%，一般坐果率为 60%～80%以上，由于坐果率较大，在栽培上适当疏花疏果。属于中晚熟品种。该品种特丰产，在栽培条件较好的条件下，可连续丰产 4～5 年。对病害有较强的免疫力，抗风力也强，唯抗寒性较差，在较冷的年份常有干梢现象。该品种适宜密植，每亩可栽 75～84 株，近年来在北京、河南等地有栽培。

辽宁 3 号　由辽宁省经济林研究所通过人工杂交育成，1989 年通过国家林业部鉴定。坚果长圆形，果壳表面剖沟少而浅、较光滑，缝合线平或微隆起，不易开裂。单果重 9.5g左右，果壳厚在 1.0mm 左右，取仁易，出仁率 58%～61%，仁饱满，黄白色。树势中庸，树冠开张，冠形为半圆形。分枝力强，分枝多短而密，属于短枝型，果枝率达 95% 以上，一般坐果率 60%～80%，属于中熟品种。该品种丰产性强，对病虫害具有免疫力。在较好的栽培条件下可进行密植。雄先型、雄花特多，栽培上可考虑疏除部分雄花，以节省养分和水分，目前在全国主要核桃产区有栽培。

辽宁 4 号　由辽宁省经济林研究所通过人工杂交育成，1989 年通过国家林业部鉴定。坚果圆形，表面光滑美观，中等大小，单果重 12～13g，壳厚在 1.2mm，缝合线紧，可取整仁，出仁率 56%～60%。果仁色浅。树势较壮，树冠开张，分枝力强，雄先型。果枝率 80% 以上，坐果率在 60% 以上。属于晚熟品种。该品种适应性强，抗寒、抗病，丰产性强，品质优良。目前在全国主要核桃产区有栽培。

辽宁 5 号　由辽宁省经济林研究所通过人工杂交育成，1989 年通过国家林业部鉴定。坚果长扁圆形，表面剖沟浅，较光滑，缝合线宽而平，结合紧密，单果重 10.3g，壳厚1.1mm，取仁易，出仁率平均为 54.4%，果仁色浅。该品种有以下突出特点：第一，每果枝的坐果率较高，3～4 个果的占 42%，2 个果的占 54%；第二，果柄极端，只有 0.7cm 左右，因而不易落果，经 10 级大风不落果，而一般核桃品种全落光了；第三，雄花序不仅很短，数量也很少，呈偏雌型，因而是典型的丰产型品种；树势中庸，树冠开张，分枝力强，枝条密集，果枝短，属于短枝型。雌先型，中晚熟品种。该品种丰产性极强，坐果率高，抗风、抗病，品质优良，适宜密植。目前在全国主要核桃产区有栽培。

辽宁 6 号　由刘万生等通过人工杂交育成。亲本是河北昌黎晚实长薄皮核桃优株 10301×新疆纸皮核桃中的早实单株 11001。1990 年定名。坚果椭圆形，果基圆形，顶部略细，微尖。纵径 3.9cm，横径 3.3cm，侧径 3.6cm，坚果重 12.4g。壳面粗糙，颜色较深，为红褐色；缝合线平或微隆起，结合紧密，壳厚 1.0mm 左右。内褶壁膜质，横隔窄或退化，可取整仁。核仁重 7.3g，出仁率 58.9%。核仁较充实饱满，黄褐色。树势较强，树姿半开张或直立，分枝力强，结果枝粗壮较长，一般为 10～20cm，属于长枝类型。1 年生枝条黄绿色，生长粗壮，芽肥大，圆形或阔三角形，无芽座。每雌花序着生 2～3 朵雌花，坐果率在 60% 以上，多双果。丰产性强，10 年生株产 10.5kg，高接树 4 年生平均株产坚果 5.6kg，大小年不明显。在辽宁大连地区 4 月中旬发芽，5 月上旬雌花盛期，5 月中旬雄花散粉，属于雌先型；9 月下旬坚果成熟，11 月上旬落叶。比较抗病，耐寒，该品种树势较强，枝条粗壮，果枝率高，连续丰产性强，抗病，耐寒。适宜在我国北方核桃栽培区发展。

辽宁 7 号　由辽宁省经济林研究所通过人工杂交育成。1995 年通过省级鉴定。该品种首次突破了世界核桃育种的三大难题之一，即抗细菌性黑斑病。该病为世界性的核桃疫病，尚无有效的防治方法，且危害严重。该品种对核桃细菌性黑斑病具有很好的免疫力。坚果圆形，果壳表面剖沟浅而少，较光滑，缝合线窄而平，单果重 10.7g，壳厚 0.9mm，指捏即开，可取整仁，出仁率为 62.6%，果仁充实饱满，黄白色；树势强壮，树冠半开张，中短果枝较多，果枝率 90% 以上，自然坐果率在 60% 以上，雄先型，该品种生长势较强，枝叶繁茂，连续结果性强，抗病、抗寒，坚果品质极佳。适宜在我国北方核桃产区栽培。

辽宁 10 号　由辽宁省经济林研究所通过人工杂交育成。2006 年通过省级鉴定。坚果较大，扁圆形，果顶呈肩张形。果壳紧密，单果重 15.8g，壳厚 0.8mm，指捏即开，可取整仁，出仁率 65.5%，果仁充实，饱满，黄白色，品质好；树势中庸，树冠开张，分枝力中等，中短果枝结果为主，果枝率 80% 以上，自然坐果率 50% 以上，雌先型。目前在辽宁、河北等地有栽培。

寒丰　由辽宁省经济林研究所通过人工杂交育成。2006 年通过省级鉴定。坚果长椭圆形，果基圆，顶部略尖。坚果较大，单果重 14.4g，果壳表面剖沟少而浅，极光滑，色浅。缝合线窄而平或微隆起，壳厚 1.2mm 左右，可取整仁或半仁，出仁率 52.8%。果仁饱满，黄白色；树势强壮，树势直立，分枝力强，枝条粗壮，果枝率 90% 以上，在不授粉的条件下，自然坐果率可达 60% 以上，雄先型；该品种树势强，丰产抗病，适应性强，特别适宜在我国北方容易遭受春寒危害而造成大量减产，甚至绝产的地区栽培。

中林 1 号　由中国林业科学研究院林业研究所经人工杂交育种选育而成，1989 年定名，属早实类型。坚果圆形，果基圆，果顶扁圆，纵径4.0cm，横径3.7cm，侧径3.9cm，平均单果重14g，壳面较粗糙，缝合线两侧有较深麻点，缝合线中宽凸起，顶有小尖，结合紧密，壳厚1.0mm，可取整仁或1/2仁，出仁率54％。核仁充实、饱满，中色。核仁脂肪含量65.6％，蛋白质含量22.2％。树势较强，树姿较直立，分枝力强，树冠椭圆形。侧生混合芽比率90％以上。雌花序多着生两朵雌花，坐果率在55％左右，中短果枝结果为主，雌先型。适宜在华北、华中及西北地区栽培。

中林5号　由中国林业科学研究院林业研究所经人工杂交育种选育而成，1989年定名，属早实类型。坚果圆形，果基及果顶均较平，纵径4.0cm，横径3.6cm，侧径3.8cm，平均坚果重13.3g。壳面光滑，色浅，缝合线较窄而平，结合紧密，壳厚1.0mm，易取整仁，出仁率58％，核仁充实、饱满，纹理中色；脂肪含量66.8％，蛋白质含量25.1％。树势中庸，树姿较开张，分枝力强，枝条节间粗而短，树冠长椭圆形或圆头形。侧生混合芽比率98％，每雌花序多着生两朵雌花，雌先型。适宜在华北、中南、西南肥水较好地区栽培。

新早丰　由新疆林业科学研究所从新疆温宿县核桃实生株选出，1989年定名。坚果椭圆形，果基圆，果顶渐尖。纵径4.1cm，横径3.5cm，侧径3.5cm，平均单果重13.1g，壳面光滑，色浅；缝合线平，结合紧密，壳厚1.23mm，可取仁1/2，出仁率51.0％；核仁饱满，色浅、味香。树势中等，树姿开张，枝条粗壮，混合芽圆形，饱满肥大，具芽座，发枝力极强，侧生混合芽比率95％以上。雄先型。树势中庸，嫁接苗第二年开始结果，早期丰产性好。该品种较抗寒，耐旱，抗病性强，宜在肥水条件较好的地区栽培。

陕核1号  陕西省果树研究所从陕西扶风隔年核桃44号母树的实生后代中选出，1989年定名。坚果圆形，平均坚果重12g左右。壳面较光滑且较薄，色较浅，缝合线窄而平，结合紧密，核仁乳黄色，风味优良，可取整仁或1/2仁，出仁率60%左右，核仁脂肪含量69.8%。树势较旺盛，树姿较开张，分枝力强；枝条粗壮而短；侧芽混合花芽的比率为70%。每雌花序多单花或双花，雄先型。该品种适应性强，早期丰产，抗病性强。适宜在我国华北、西北地区栽培。

扎343  新疆林科院选自阿克苏地区扎木台试验站早实实生核桃，1989年通过林业部鉴定。坚果卵圆形，中等大，平均单果重12.4g，最大15.3g，三径平均3.47cm，壳面光滑美观，壳厚1.16mm，缝合线紧，内褶壁薄，横隔膜膜质，可取整仁，出仁率56.3%。仁色中，风味香，品质中上等。树势旺盛，树姿开张；小枝较细，节间中等，嫁接后第二年开始结果。该品种耐干旱，较耐粗放管理，抗病害力较强，花粉量大，可作雌先型品种的授粉树种，适宜矮化密植建园。

西扶1号  由西北林学院从陕西扶风隔年核桃实生树中选出，1989年定名。坚果长圆形，果基圆形，纵径4.0cm，横径3.5cm，侧径3.2cm，平均坚果重12.5g。壳面光滑，色浅；缝合线窄而平，结合紧密，壳厚1.2mm，可取整仁，出仁率53%。核仁充实饱满，色浅，味香甜。脂肪含量68.49%，蛋白质含量19.31%。树姿较开张，分枝力中等，节间较短。芽呈半圆形，侧生混合芽比率为90%，以中果枝结果为主，雄先型。该品种抗性较强，适宜在华北、西北地区栽培。

西扶2号  由高绍棠等从陕西扶风县隔年核桃实生树中选出，1984年定名。坚果长圆形，壳面较光滑，易取整仁。平均单果仁重 7.76g，出仁率 52％，核仁充实，饱满，呈乳黄色、脆而甜香；树势强健，树姿开张，树冠呈自然开心形，分枝力强，节间短，雄先型。该品种适应性较强，抗旱、抗寒性强，嫁接成活率高，耐土壤瘠薄，坚果个大均匀，品质优良，宜做生食。适宜于华北、西北及中原地区栽培。

西林 3 号　西北林学院选自陕西早丰薄壳大果，1984 年定名。坚果长圆形，较大，平均单果重 16.53g，最大 19.2g，三径平均 3.9cm，壳面光滑美观，壳厚 1.1mm，缝合线紧，可取整仁，出仁率 57.23％，仁色浅，风味香，酥脆，品质上等。植株生长健壮，树势旺，树姿较直立，分枝角 60°左右，树冠半圆形，叶片较大，深绿色，属雄先型，中熟品种。嫁接苗可当年结果，侧花芽率 80％以上。山东蒙阴，9 月上中旬果实成熟。较抗寒，耐旱，易感染黑斑病。该品种果个大，商品性状好，宜作礼品核桃。适宜在黄土丘陵区肥水条件较好的地方作为大果商品核桃品种栽培。

元林　由山东省林业科学研究院以"元丰"核桃为母本、美国核桃"强特勒"为父本杂交选育获得品种，2008 年定名。坚果长椭圆形、黄绿色，果点较密，果面有茸毛，坚果长圆形，纵径 4.25cm，横径 3.6cm，侧径 3.42cm，平均单果重 16.84g，每千克 60 个左右，属大型果。核仁充实饱满，仁重 9.35g，出仁率 55.42％左右，味香微涩，脂肪含量 63.6％，蛋白质含量 18.25％。发芽晚，较香玲核桃等品种晚发芽 5～7天，可避过早春晚霜危害。树势旺盛，树姿直立或半开张，树冠呈自然半圆形；侧芽结果率达 90.2％，平均每果枝坐果 1.4个，混合芽呈圆形，侧芽与混合芽间距为 1.0cm 左右；侧生混合芽率为 85％左右，结果母枝连续结果能力较强。丰产，发芽晚，可避开早春晚霜危害。适宜在早春易发生冻害地区、土层深厚的立地条件下栽培。目前已在陕西、山东、甘肃等地开始栽培。

青林　由山东省林业科学研究院选育获得品种，2008 年定名。坚果长椭圆形，果基圆，果顶微尖，纵径 4.03cm，横径 3.52cm，侧径 3.44cm，坚果重量 17.78～20.0 g，壳面为条状刻沟，较光滑；壳皮黄褐色，缝合线窄凸，结合紧密，壳厚 2.18 mm。内褶壁退化，横隔膜膜质，取仁易。核仁浅黄色，充实饱满，出仁率 40.12％左右，粗脂肪含量 67.7％，蛋白质含量 13.79％，味浓香。树姿直立，生长势强，顶端优势明显，树冠呈自然半圆形，分枝力强，树干通直。枝条光滑、粗壮，当年生枝条浅褐色，多年生枝银白色。叶色浓绿，小叶 7～9 片。每个雌花序多着生 2～3 朵雌花，少有 4 朵，柱头颜色淡黄，为雌先型品种。目前已在山东、陕西、新疆、山西等地栽培。

# 二、晚实核桃品种

礼品一号　由辽宁省经济林研究所从新疆核桃优良单株 A2 号实生后代中选出，1995 年通过省级鉴定，属晚实核桃品种类型。坚果长阔圆形。果形整齐，壳面光滑美观。缝合线平，但不够紧密，色浅，壳厚 0.6mm，三径平均值 3.6cm，平均单粒重 10.5g。内隔壁退化，取仁极易，可取整仁，种仁饱满，出仁率 67.3％，核仁黄白色，雄花先熟。树势中庸，树姿半开张。长果枝类型，果枝率 58.4％；可在辽宁省辽西、辽南地区栽培。

礼品二号 由辽宁省经济林研究所从新疆核桃优良单株A2号实生后代中选出。1995年通过省级鉴定，属晚实核桃品种类型。坚果长圆形，壳面刻点大而浅，较光滑，缝合线平而紧密，三径平均值4.0cm，平均单果重13.3g。壳厚0.54mm，内隔壁退化，取仁极易，可取整仁，出仁率70.3%。雌花先熟。可为礼品一号的授粉树。树势中庸，树姿开张。中短果枝类型，果枝率60.0%。在大连地区花期为5月上中旬，属雄先型。9月中旬坚果成熟。该品种丰产性强，15年生母树年产坚果14.6kg；10年生嫁接树株产5.4kg。品种适应性强，耐寒，适宜在年均温9～16℃，冬季气温在−28℃以上，年降水量在450mm以上，无霜期在145天以上的地区栽培。辽宁省可在辽西、辽南地区栽培。

清香 是20世纪80年代初日本核桃专家赠送给河北农业大学的核桃优良品种。坚果较大，平均单果重16.7g，近圆锥形，大小均匀，壳皮光滑淡褐色，外形美观，缝合线紧密。壳厚1.0～1.1mm，种仁饱满，内褶壁退化，取仁容易，出仁率52%～53%。种仁含蛋白质23.1%、粗脂肪65.8%、碳水化合物9.8%、维生素$B_1$ 0.5mg、维生素$B_2$ 0.08mg，仁色浅黄，风味极佳，绝无涩味。树势中庸，树姿半开张，枝条粗壮，结果枝率37.39%，有侧花芽结果。该品种抗病性极强。在我国核桃生产中具有很好的发展前景。

晋龙1号 由山西省林科所从汾阳县南偏城村当地晚实核桃类群中选育所得，1990年通过省科委鉴定。坚果较大，平均单果重14.85g，最大16.7g，三径平均3.78cm，果形端正，壳面光滑，颜色较浅，壳厚1.09mm，缝合线窄而平，结合紧密，易取整仁，出仁率61.34%。平均单仁重9.1g，最大

10.7g，仁色浅、风味香、品质上等。植株生长势强，树姿开张，树冠圆头形，属雄先型，发芽较晚。嫁接树第三年开始结果。该品种适应性强，抗寒、耐旱、抗病性强。早期丰产。适宜我国华北、西北丘陵山区发展。

晋龙2号　由山西省林业科学研究所从汾阳县南偏城村当地晚实核桃类群中选育所得，1994年通过山西省科委组织的专家鉴定。坚果圆形，较大，平均单果重15.92g，最大18.1g，三径平均3.77cm，圆形，缝合线紧、平、窄，壳面光滑美观，壳厚1.22mm，可取整仁，出仁率56.7％。平均单仁重9.02g，仁色中、饱满、风味香甜、品质上等。植株生长势强，树姿开张，树冠半圆形，属雄先型，中熟品种。该品种适应性强，抗寒、耐旱、抗病性强。该品种雄花开放较晚，有利于避开晚霜危害。特丰产稳定，品质优良，但有露仁现象，宜于黄土丘陵区栽培。

西洛1号　由西北林学院与洛南核桃研究所从商洛晚实核桃实生群体中选育而成。坚果中等大小、椭圆形，壳面光滑，壳厚10mm左右，出仁率50.8％；出仁极易，种仁饱满、味油香；树势强旺。圆头形。雄先型，中熟品种，侧芽结果率53％。该品种适应性强，抗病虫、抗晚霜，丰产稳产优质，适于在华北、西北黄土丘陵区和秦巴山区栽培。

西洛2号　由高绍棠等从陕西洛南县实生核桃中选出。坚果长圆形，壳面较光滑，有稀疏小麻点，壳色深，易取仁，出仁率54％。核仁充实、饱满、色浅、味甜香、不涩。树势中庸，树姿早期较直立，以后多开张，分枝力中等。雄先型，晚熟品种。该品种有较强的抗旱、抗病性，耐瘠薄土壤，嫁接易成活，且在不同立地条件下均表现出丰产优势。适宜于秦巴山区，西北，华北地区栽培。

　　西洛 3 号　由西北林学院与洛南核桃研究所从商洛晚实核桃实生群体中选育而成。坚果中等大小、椭圆形。果面光滑美观。出仁率 56.64%，取仁极易，种仁饱满，可取整仁或半仁，仁色中、风味甜香、品质中上等，易取整仁。植株生长势旺，树姿较直立，树冠圆头形，分枝力中等，似主干疏层形。雄先型。中熟品种，9 月上中旬果实成熟，11 月上中旬落叶。该品种适应性强，抗寒、耐旱、抗病性强。尤其耐土壤瘠薄，丰产性能好，对栽培条件要求不甚严格，适宜在丘陵山区栽培。

# 第三章

# 核桃的生物学特征

## 一、核桃的植物学特性

### （一）根系

核桃属深根性木本果树，主根发达，在土层垂直方向上分布较深，侧根水平方向上伸展较广，须根细长而密集。在土层深厚的土地上，核桃成年树主根最深可达 6m，侧根水平伸展半径超过 14m。根冠比，即根幅直径/冠幅直径可达 2m 及其以上，但在土层较薄而干旱或地下水位高的地方，根系分布的深度和广度都减少。

核桃根系的生长与品种类群、树龄及立地条件关系密切。一般而言，早实核桃比晚实核桃根系发达，幼树龄表现尤为明显。据北京林业大学观察，1 年生早实核桃较晚实核桃根系总数多为 1.9 倍，根系总长度多为 1.8 倍，细根的差别更大，这是早实核桃的一个重要特性。发达的根系有利于对无机盐和水分的吸收，有利于树体内营养物质的累积和花芽形成，从而实现早结实、早丰产。

核桃根系生长与树龄的关系表现为幼苗时根比茎生长快。据测定，1 年生核桃主根长可为主干高的 5 倍以上，2 年生约为主干高的 2 倍，3 年生以后侧根数量增多，地上部生长开始加速，随年龄增长侧根逐渐超过主根。成年核桃树根系的垂直分布主要集中在 20～60cm 的土层中，约占总根量的 80％以上，水平分布主要集中在以下树干为圆心的 4m 半径范围内，大体与树冠边缘相一致。

核桃根系生长和分布状况常因各地条件的不同而有所变化。据北京林业大学调查，在土壤比较坚实的石沙滩地，核桃根系多分布在客土植穴范围内，穿出者极少。在这种条件下，10 年生核桃树多变成树高仅 2.5m 左右的"小老树"。另外，据河北农业大学对黄土、红土和红土下为石块三种不同类型土壤的研究发现，核桃根系在黄土下生长最好，12 年生树主根分布深度可达 80cm，地上部生长也健壮，以红土下为石块者地上部生长最差。

核桃的根系一年中有 3 次生长高峰，第一次在萌芽至雌花盛花期，第二次在 6～7 月，第三次在落叶前后。

因此，核桃栽培要选择土壤深厚、质地优良、含水充足的地点，有利于根系的生长发育，从而加速地上部枝干的生长，达到早期优质丰产的目的。

## （二）枝

根据其性质不同，核桃的枝条可分为营养枝、结果枝、雄花枝三种。

**1. 营养枝** 又称生长枝，指只着生叶片，不能开花结果的枝条。依其生长势不同可分为发育枝和徒长枝两种。发育枝是由上年的叶芽萌发形成的健壮营养枝，顶芽为叶芽，萌发后只抽枝不结果，此类枝是形成骨干枝，扩大树冠，增加营养面积和形成结果母枝的主要枝类。徒长枝多由主干或多年生枝上的休眠芽（或潜伏芽）受到刺激萌发而成，分枝角度小，生长直立，枝条当年生长量大，一般节间长，不充实。如数量过多，会大量消耗养分，影响树体正常生长和结果，故生产中对徒长枝应加以控制、疏除或改造为结果枝组，是老树赖以更新复壮的主要枝类。

**2. 结果枝** 由结果母枝上的混合芽抽发而成，该枝顶部着生雌花序。按其长度和结果情况可分为长果枝（大于20cm）、中果枝（10～20cm）和短果枝（小于10cm）。健壮的结果枝可再抽生短枝（尾数），多数当年可以形成混合芽，早实核桃还可以当年萌发，二次开花结果。

**3. 雄花枝** 雄花枝是指除顶端着生叶芽外，其他各节均着生雄花芽的枝条，雄花枝顶芽不易分化混合芽。雄花枝生长细弱且短小，在5cm左右，雄花序脱落后，顶芽以下光秃。雄花枝多着生在老弱树或树冠内膛郁密处，是树势过弱的表现，消耗养分较多。核桃枝条的生长受年龄、营养状况、着生部位及立地条件的影响。一般幼树和壮枝一年中可有两次生长，形成春梢和秋梢，春季在萌芽和展叶同时抽生新枝，随着气温的升高，枝条生长加快，于5月上旬（北方地区）达旺盛生长期，6月上旬第一次生长停止，此期枝条生长量可占全年生长量的90%。短枝和弱枝一次生长结束后即形成顶芽，健壮发育枝和结果枝可出现第二次生长。秋梢顶芽形成较晚。旺枝在夏季则继续增长而减弱。一般来说，二次生长往往过旺，木质化程度差，不利于枝条越冬，应加以控制。

幼树枝条的萌芽力和成枝力常因品种（类型）而异，一般早实核桃40%以上的侧芽都能发出新梢，而晚实核桃只有

20％左右。需要注意的是核桃背下枝吸水力强，生长旺盛，这是不同于其他树种的一个重要特性，在栽培中应注意控制或利用；否则，会造成"倒拉枝"，使树形紊乱，影响骨干枝生长和树下耕作。

### （三）芽

根据其形态、构造及发育特点，可将核桃芽分为叶芽、雄花芽、混合芽和潜伏芽四大类。

**1. 叶芽**　萌发后只抽枝长叶的芽，叫叶芽。主要着生在营养枝顶端及叶腋间，或结果枝混合芽以下，单生或与雄花芽叠生。营养枝顶端着生的叶芽芽体大，呈圆锥形或三角形（铁核桃）；侧生叶芽芽体较小，呈圆球形或扁圆形（铁核桃）。着生于枝条上端的叶芽可萌发抽枝，着生于枝中下部的芽常不萌发，成为潜伏芽。

**2. 雄花芽**　萌发抽生雄花序的芽，叫雄花芽。雄花芽塔形，鳞片小，不能覆盖芽体，呈裸芽状，多着生在一年生枝条的中部或中下部，数量不等，单生或叠生。形状为圆锥形，萌发后抽生菜荑花序。核桃雄花芽数量与类群、品种特性、树龄、树势等有关，老树、弱树、结果小树上的雄花芽量大。雄花芽过多，消耗大量养分水分，影响树势和产量，应加以控制和疏除。

**3. 混合芽**　萌发抽生结果枝的芽，叫混合芽，亦称雌花芽。芽体肥大，近圆形，鳞片紧包，萌发后抽生枝、叶和雌花序。晚实核桃多着生在一年生枝顶部1～3个节位处，单生或与叶芽、雄花芽上下呈复芽状态着生于叶腋间。早实核桃健壮结果母枝的顶芽及以下各节位腋芽均可形成混合芽。混新疆早实核桃中，还有顶芽开放后，纯雌花密集着生。

**4. 潜伏芽** 又叫休眠芽，只是在正常情况下不萌发，当受到外界刺激后才萌发，成为树体更新和复壮的后备力量。位于枝条基部或中下部，单生或复生。呈扁圆形，瘦小，有 3 对鳞片。其寿命可达数十年之久。其萌发力很强，形成徒长枝或发育枝。潜伏芽对核桃树的更新复壮十分重要。有的潜伏芽鳞片已脱落，仅存 1 个生长点藏在皮下。

## （四）叶

**1. 叶的形态** 核桃叶片为奇数羽状复叶，顶端小叶最大，其下对生小叶依次变小。小叶的数量依种类不同而异，普通核桃一般为 5～9 片。复叶的数量与树龄大小、枝条类型有关。正常的 1 年生幼苗有 16～22 片复叶，结果初期以前，营养枝上复叶 8～15 片，结果枝上复叶 5～12 片。结果盛期以后，随着结果枝大量增加，果枝上的复叶数一般为 5～6 片，内膛细弱枝只有 2～3 片，而徒长枝和背下枝可多达 18 片以上。复叶上着生的小叶数依不同核桃种群而异，核桃种群的小叶数为 5～9 片，一年生苗多为 9 片，结果枝多为 5～7 片。铁核桃种群的小叶数为 9～11 片。小叶由顶部向基部逐渐变小，在结果盛期树上尤为明显。复叶的多少对枝条和果实的生长发育影响很大。据报道，着生双果的结果枝，需要有 5～6 个以上的正常复叶，才能维持枝条、果实及花芽的正常发育，并保证连续结果能力。低于 4 个复叶，不仅不利于形成混合芽，而且果实发育不良。

**2. 叶的发育** 在混合芽或叶芽开裂后数天，可见到着生灰色茸毛的复叶原始体，经 5 天左右，随着新枝的出现和伸长，复叶逐渐展开，再经 10～15 天，复叶大部分展开，自下向上迅速生长，经 40 天左右，随着新枝形成和封顶。复叶长大成形。10 月底左右叶片变黄脱落，气温较低的地方，核桃较早落叶。

## （五）花

核桃为雌雄同株异花树种。不同的核桃种群，不同的核桃品种之间，雌花、雄花开放的时间有所不同，雄花先开，雌花后开的，称为雄先型；雌花先开，雄花后开的，称为雌先型；雄花雌花同时开放的，称为雌雄同熟型。

**1. 雄花** 雄花芽单生，为裸芽，呈荑花序，着生于 1 年生枝的中上部，单生或叠生，呈短圆锥形；鳞片小，不能被覆芽体，萌发后形成茅荑花序，序长 5～25cm，粗 1.7～2.4cm；每序有小穗花 20～130 个，花丝甚短，花药黄色，有沟隔成 2 室，每室平均有花粉 900 粒，每个花序可产花粉 180 万粒，重 0.3～0.5g，黄色。

**2. 雌花** 雌花芽为混合芽。晚实核桃的混合芽着生于结果母枝顶端及早实核桃的结果母枝上侧芽多为混合芽，其数量多少与树龄、结果母枝健壮程度及品种（或类型）有密切关系；有的结果母枝只有 1～4 个混合芽；而在另一些品种（或类型），一个结果母枝（常是徒长性枝）可有混合芽 20 个以上，甚至基部潜伏芽也能萌发出混合芽。混合芽芽体肥大，近圆形，鳞片紧包，萌发后抽生结果枝，顶端着生雌花序。雌花单生或 2～4 个，有的品种为穗状花序，如穗状核桃。

## （六）果实

果实为坚果，总苞肉质，果皮骨质化为坚硬的核壳，核壳表面有沟状或点状刻纹。核壳内有薄皮即种皮，种皮内的种仁为可食部分。

# 二、核桃的结果习性

## （一）花芽分化

核桃由营养生长向生殖生长的转变是一个复杂的生物学过程。开花结实早晚受遗传物质、内源激素、营养物质及外界环境条件的综合影响，不同类群核桃开始进入结果期的年龄差别很大。早实核桃在播种后 2～3 年即开花结果，甚至播种当年即可开花；而晚实核桃则在 8～9 年生时才开始结实。嫁接可促进提早开花结实，栽培技术措施，可促进花芽分化，达到早结实、丰产稳产之目的。

**1. 雌花芽的分化**  核桃雌花芽的分化包括生理分化期和形态分化期。核桃雌花芽的生理分化期约在中短枝停止生长后的第 3 周开始（华北地区的时间在 5 月下旬至 6 月下旬），第 4～6 周为生理分化盛期，第 7 周基本结束。生理分化期也称为花芽分化临界期，是控制花芽分化的关键时期。此时花芽对外界的反应敏感。因此，可以人为地调节雌花的分化。在枝条停止生长之前，可通过摘叶、环剥、扭梢、拉枝等修剪措施和增施磷、钾肥，少施氮肥，控制浇水，喷施生长延缓剂等，控制枝叶生长，减少消耗，增加养分积累，调节树体内源激素水平，促进雌花芽分化，这对幼树早结实、早丰产有实际意义；相反，如需树势复壮，则可采取有利于生长的措施，如多施氮肥、重修剪、疏花疏果等则可抑制雌花分化，促进枝叶生长。

形态分化在生理分化基础上进行。雌花原基出现在 10 月上、中旬入冬前原基上出现苞片、萼片和花被原基，以后进入休眠期，第二年3月中、下旬形态分化继续进行，直至开花，整个雌花芽分化要经历两个阶段，约10个月时间。早实核桃二次花分化从4月中旬开始，5月中旬分化完成，5月底至6月初二次花即可开放。二次枝当年也可形成混合芽，第二年开花结果。

**2. 雄花芽的分化**　雄花序与侧生叶芽为同源器官，雄花芽的分化比叶芽分化快，雄花芽从4月下旬至5月上旬开始分化，到第二年春才逐渐分化完成，从分化开始到开花散粉的整个过程约需12个月。雄花序在整个夏季大体没变化，呈玫瑰色，秋季变为绿色，进入冬季变为浅灰色。

## （二）开花

核桃一般为雌雄同株异花。雄花春季萌动后，经12～15天，花序达一定长度，小花开始散粉，其顺序是由基部逐渐向顶端开放，2～3天散粉结束。散粉期如遇低温、阴雨、大风等天气，对授粉受精不利。同时雄花过多，消耗养分和水分过多，会影响树体生长和结果。试验表明，适当疏雄（除掉雄芽或雄花约95%）有明显的增产效果。

核桃雌花可单生或2～4朵簇生，有的品种有小花10～15朵，呈穗状花序，如穗状核桃。雌花初显露时幼小子房露出，二裂柱头抱合，此时无授粉受精能力。5～8天，子房逐渐膨大，羽状柱头开始向两侧张开，此时为始花期；当柱头呈倒"八"字形时，柱头正面突起且分泌物增多，为雌花盛花期，此时接受花粉能力最强，为授粉最佳时期。经3～5天以后，柱头表面开始干涸，授粉效果较差。之后柱头逐渐枯萎，失去授粉能力。

核桃一般每年开花一次。早实核桃具有二次开花结实的特性。二次花着生在当年生枝顶部。花序有三种类型：第一种是雌花序，只着生雌花，花序较短，一般长 10～15cm；第二种是雄花序，花序较长，一般为 15～40cm，对树体生长不利，应及早去掉；第三种是雌雄混合花序，下半序为雌花，上半序为雄花，花序最长可达 45cm，一般易坐果。

核桃花期的早晚受春季气温的影响较大。如云南漾濞的核桃花期较早，3 月上旬雄花开放，3 月下旬雌花开放；北京地区雄花开放始期为 4 月上旬，雌花为 4 月中旬。即使同一地区不同年份，花期也有变化。对一株树而言，雌花期可延续 6～8 天，雄花期延续 6 天左右；一个雌花序的盛期一般为 5 天，一个雄花序的散粉期为 2～3 天。

## （三）坐果

核桃的雌花柱头不分泌花蜜，无蜜蜂和昆虫传播花粉，属风媒花，借助自然风力进行传粉和授粉。花粉传播的距离与风速、地势等有关，在一定距离内，花粉的散布量随风速增加而加大，但随距离的增加而减少。因此，配置授粉树要注意授粉树的距离。据研究报道，最佳授粉距离一般不远于 150m，超过 300m，几乎不能授粉，需进行人工辅助授粉。在自然条件下，核桃花粉的寿命只有 2～3 天，如果在低温冷藏条件下，可存放至 12 天。核桃花粉落到雌花柱头上约 4h 后，花粉粒萌发并长出花粉管进入柱头，16h 后可进入子房内，36h 达到胚囊，36h 左右完成双受精过程。

核桃的授粉效果与天气状况及开花情况有较大关系。多年经验证明，凡雌花期短，开花整齐者，其坐果率就高；反之，则低。据调查，雌花期 5～7 天者，坐果率高达 80%～90%，8～11 天者坐果率在 70% 以下，12 天者坐果率仅为 36.9%。花期如遇低温阴雨天，则会明显影响正常的授粉受精活动，降低坐果率。

核桃坐果率一般为 40%～80%，自花授粉坐果率较低，异花授粉坐果率较高。核桃存在孤雌生殖现象，也就是说，没有经过授粉和受精，也能结果，而且具有成熟的种子。但孤雌生殖能力和百分率因品种和年份不同有所差别。若授粉受精不良、花期低温、树体营养积累不足及病虫害等可导致核桃落花落果。

### （四）果实发育

核桃从雌花柱头枯萎到总苞开裂、坚果成熟的过程，称为果实发育期。果实发育期的长短因生态条件的不同而不同，南方需 170 天左右，北方需 120 天左右。据罗秀钧等（1988）在郑州地区的观察，依果实体积、重量增长及脂肪形成，将核桃果实发育过程分为以下四个时期：

**1. 果实迅速生长期**　果实迅速生长期一般在 5 月初至 6 月初，30～35 天，也是果实生长最快的时期。在这一时期果实的体积和重量均迅速增加，其体积生长量约占全年总生长量的 90% 以上，重量则占 70% 左右。随着果实体积的迅速增长，胚囊不断扩大，核壳逐渐形成，但色白质嫩。

**2. 果壳硬化期**　果壳硬化期一般在 6 月初至 7 月初，35 天左右。核壳自顶端向基部逐渐硬化，种核内隔膜和褶壁的弹性及硬度逐渐增加，壳面呈现刻纹，硬度加大，种仁由浆状物

变成嫩白核仁，营养物质迅速积累，果实大小也基本定型，

**3. 种仁充实期** 种仁充实期一般在 7 月上旬至 8 月下旬，50～55 天，此时期是坚果脂肪含量迅速增加期，可由 29.2% 增加到 63.09%。果实大小定型后，重量仍有增加，核仁不断充实饱满，含水率下降，核仁风味由甜变香。

**4. 果实成熟期** 果实成熟期一般在 8 月下旬至 9 月上旬，15 天左右。此时期果实重量略有增长，总苞（青皮）的颜色由绿变黄，表面光亮无茸毛，部分总苞出现裂口，坚果易脱出。因此时坚果含油量仍可增加，为保证品质，不宜过早采收。

### （五）落花落果特点

核桃雌花末期子房未经膨大而脱落花，子房发育膨大而后脱落者为落果。一般来说，核桃大多数品种落花较轻，落果较重，少量品种落花率可达 50% 以上，最高可达 90% 左右。雌花落花多在开花末期，花后 10～15 天，落果多集中在柱头干枯后的 30～40 天内，核桃自然落果可达 30%～50%，不同品种之间差异较大，少者不足 10%，多者达 60%。

# 三、核桃对周围环境条件的要求

核桃属植物对自然条件有很强的适应能力。然而，核桃栽培对适生条件却有比较严格的要求，并因此形成若干核桃主产区。超越其生态条件时，虽能生存，但往往生长不良，产量低及坚果品质差等失去栽培意义。现将影响核桃生长发育的几个主要生态因子简述如下。

### （一）海拔高度

在我国北部地区，核桃树多栽植在海拔 1 000m 以下的地方，秦岭以南多栽培在海拔 500～1 500m，云南、贵州地区，核桃多生长在海拔 1 500～2 000m 的范围内，而辽宁以南，由于冬季寒冷，核桃树多生长在海拔 500m 以下的地方。

### （二）温度

普通核桃适宜生长在年均温 8～15℃，极端最低温度 ≥－30℃，极端最高温度≤38℃，无霜期 150～240 天的地区。春季日平均气温 9℃开始萌芽，14～16℃开花，秋季日平均气温＜10℃开始落叶进入休眠期。幼树在－20℃条件下出现"抽条"或冻死；成年树虽然能耐－30℃低温，但低于－28～－26℃时枝条、雄花芽及叶芽易受冻害。核桃展叶后，气温降到－2℃时，会出现新梢冻害。花期和幼果期气温降到－1～2℃时受冻减产。生长期气温超过 38～40℃时，果实易发生日灼，核仁发育不良，形成空壳。核桃光合作用最适温度为27～29℃，一年中的 5～6 月份光合作用强度最高。

### （三）光照

核桃属于喜光树种。在一年的生长期内，日照时数和强度对核桃的生长、花芽分化及开花结实影响很大，特别是进入盛果期的核桃树，更需要有充足的光照条件。全年日照时数在 2 000h 以上，才能保证核桃正常条件发育。当光照时数低于 1 000h 时，核桃仁、壳均出现发育不良。生长期尤其是阴雨、低温，易造成大量落花落果。核桃园边缘树结果好，树冠外围枝结果好。因此，在栽培核桃时应注意地势的选择，调整好株行距并进行合理地整形修剪，以满足其对光照的要求。

### (四) 土壤

核桃属于深根系树种，其根系的生长需要有较深厚的土层（1m），才能保持良好的生长发育。如果土层较薄，则影响根系的正常生长，易形成"小老树"，不能正常结果，早实核桃会出现早衰或整株死亡。核桃适于在土质疏松和排水良好的砂壤土或壤土上生长，在地下水位过高和质地黏重的土壤上生长不良。核桃在含钙丰富的土壤上生长良好，核仁香味浓，品质好。核桃树对土壤酸碱度的适应范围为 $6.2\sim8.3$，最适宜的pH$6.5\sim7.5$，土壤含盐量应在 $0.25\%$ 以下，稍超过即影响生长结果，过高会导致植株死亡，氯酸盐比硫酸盐危害大。因此，应按栽种地区的土壤特点，选择适宜的品种。土层薄、土质差的地区，应在深翻熟化，提高土壤肥力的基础上发展晚实核桃品种，并注意推行覆膜覆草，加强管理，以提高效益。

此外，核桃树是喜肥植物，据有关资料，每收获 100kg核桃，其根系需要从土壤中吸收 2.7kg 纯氮，氮肥能提高核桃的出仁率，氮、磷、钾肥不但能增加核桃的产量，而且能改善核桃仁的品质。但是在具体的生产过程中要注意，施氮肥要适量，过量的氮肥会使核桃树的生长期延长、推迟果实成熟和新梢停止生长的时间，对核桃树尤其是新梢安全越冬不利。

### (五) 水分

核桃树对土壤水分的要求比较严格，往往不同的种群和品种，对土壤中含水量的适应能力有很大的差别。在年降水量

500～700mm 的地区，如有较好的水土保持工程，不灌溉也可基本上满足要求。新疆的早实核桃，原产地的年降水量少于100mm，引种到湿润和半湿润地区则易罹病害。核桃树可耐干燥的空气，但对土壤水分状况却比较敏感。土壤过旱或过湿均不利于核桃树的成长和结实，土壤干旱，则阻碍根系对水分的吸收及地上部蒸腾，干扰正常的新陈代谢，导致落花落果，乃至叶片变黄而凋零脱落。土壤水分过多或积水过长，会造成土壤通气不良，使根系呼吸受阻而窒息腐烂，从而影响地上部的生长发育或植株死亡。若秋季雨水过于频繁，常常会引起核桃青皮早裂、坚果变黑。因此，建园要求：山地核桃园要布设水土保持工程，以涵养水源；平地和洼地要布设排水设施，以保证涝时能排水。总的要求是核桃园的地表水位应在地表 2m以下。若达不到此要求，可考虑起垄栽植已满足其要求，否则不能建园。

### （六）坡向或坡度

**1. 坡向** 核桃树适宜生长在背风向阳处。实践证明，同龄核桃植株，其他的地理条件完全一致，只是坡向不同，其生长结果有明显的差异。表现：阳坡＞半阳坡＞阴坡。

**2. 坡度** 坡度的大小直接影响土壤冲刷的程度和生产的难易。土壤越大，土壤水肥的冲蚀量也越大，生产操作难度也越大；反之，则小。坡度较大时应做相应的工程。核桃适于在10°以下的缓坡、土层深厚而湿润、背风向阳的条件下生长。种植在阴坡，尤其坡度过大和迎风坡面上，往往生长不良，产量很低。坡度大时，应整修梯田进行水土保持，避免土壤冲刷。山坡的中下部土层较厚而湿润，比山坡中上部生长结果好。

## （七）风

适宜的风量、风速有利于授粉和增加产量。核桃一年生枝髓心较大，在冬、春季多风地区，生长在迎风坡面的树易抽条、干梢，影响树体生长发育，不利于丰产树形的培养，栽培中应注意营造防风林。

# 第四章

# 核桃育苗技术

我国核桃苗木繁殖生产上过去多采用实生繁殖。由于实生苗木遗传背景复杂，后代分离严重，不同单株间性状差异较大，结果期早晚可相差 3～4 年，乃至 7～8 年，产量相差几倍，甚至几十倍。为改变这种不良状况，核桃生产中提倡嫁接繁殖苗木。

与实生繁殖相比，嫁接繁殖的苗木主要优点是：

第一，能很好地保持母体的优良性状，加速实现核桃良种化。

第二，能显著提高产量和改善品质。目前我国实生核桃结果树平均株产只有 2 000g 左右，平均亩产不足 50kg，用嫁接苗建园，5 年生最高亩产可达 150kg。

第三，能提早结果。实生繁殖的核桃树一般结实较晚，晚实型实生核桃需 8～10 年才开始结果，早实型实生核桃也需 3～4 年才开始结果；而嫁接的晚实型核桃只需 3～5 年便可结果，早实型核桃一般在第二年即可结果。

第四，有利于矮化栽培。利用矮化砧木可使树体矮化，这在果树方面已取得显著效果，核桃的矮化砧木，各国正在试验研究。而矮化栽培则是实现果树集约化经营的重要途径。

第五，可充分利用核桃种质资源。我国核桃资源丰富，野生砧木种类多，分布广，利用这些野生资源嫁接核桃，可达到生长快、结果早、扩大核桃栽培区域的结果。

# 一、砧木苗的培育

砧木苗是指利用种子繁育而成的实生苗，主要用作嫁接苗的砧木。砧木的质量和数量直接影响嫁接成活率及建园后的经济效益。

## （一）我国核桃砧木种类及特点

我国嫁桃砧木种类主要有 7 种：核桃、铁核桃、核桃楸、野核桃、麻核桃、吉宝核桃和心形核桃。目前，应用较多的为前 4 种。此外，枫杨虽不是核桃属，亦有作核桃砧木的报道。

**1. 核桃**　也称共砧或本砧，具有嫁接亲和力强、成活率高、接口愈合牢固、生长结果良好等优点。在国外还表现有抗黑线病的能力。目前为我国北方地区普遍采用。但实生后代易发生分离，苗木的整齐度差，并在出苗、生长势、抗逆性和与接穗亲和力等方面存在差异。因此，应注意种子来源尽可能一致。

**2. 铁核桃**　铁核桃的野生类型亦称夹核桃、坚核桃、硬壳核桃等，主要分布在我国西南各地。是泡核桃、娘青核桃、三台核桃、大白壳核桃、细香核桃等优良品种的良好砧木，具有适宜性强，抗寒、抗瘠薄、抗干旱能力强等特性。与接穗亲和力强，嫁接成活率高，愈合良好。在云南、贵州应用较多且历史悠久。

**3. 野核桃** 主要分布在江苏、江西、浙江、湖北、四川、贵州、云南、甘肃、陕西等地，常见于湿润的杂木林中，垂直分布海拔为800～2 000m。果实个小，壳硬，出仁率低。主要用作核桃砧木，适于丘陵和山地。

**4. 核桃楸** 又称楸子、山核桃等。主要分布在我国东北和华北各地。核桃楸根系庞大，直根入土很深，抗旱、耐涝力强，抗寒力极强，是核桃属中最耐寒的一个种。在哈尔滨地区可耐−42℃的低温，在河北兴隆、蓟县一带常用作核桃砧木。但当用作砧木时，嫁接成活率和保存率不如核桃本砧高，大树高接部位过高时易出现"小脚"现象。

**5. 枫杨** 又名枰柳、麻柳、水槐树等。在我国分布很广，多生于湿润的沟谷及河滩地，根系发达，适应性较强，抗涝，耐瘠薄。但嫁接成活后的保存率较低，不宜在生产上大力推广。

## （二）采种及贮藏

**1. 采种** 首先选择生长健壮、无病虫害、种仁饱满的壮龄树（30～50年生）为采种母树。当坚果达形态成熟，即青皮由绿变黄并开裂时即可采收。此时的种子内部生理活动微弱，含水量少，发育充实，最易贮存。若采收过早，胚发育不完全，贮藏养分不足，晒干后种仁干瘪，发芽率低，即使发芽出苗，生命力弱，也难成壮苗。一般在9月底成熟，做种子的应比商品核桃晚收3～5天，特别指出核桃种子的成熟度对种子的发芽率影响较大，实践表明，9月底采芽率能达80%左右，9月中旬只能达到60%～70%，9月上旬只达20%～30%。采种的方法有捡拾法和打落法两种，前者是随着坚果自然落地，定期捡拾；后者是当树上果实青皮有 1/3 以上开裂时打落。为确保种子质量，种用核桃应比商品核桃晚采收 3～5 天。种用核桃不用漂洗，可直接将脱青皮的坚果捡出晾晒。未脱青皮的可堆沤脱皮或用乙烯利处理，3～5 天后即可脱去青皮。晾晒的种子要薄层摊在通风干燥处，不宜放在水泥地面、石板或铁板上受阳光直接曝晒，以免影响种子生命力。

**2. 贮藏**　核桃种子无后熟期，秋播的种子在采收后一个多月就可播种，有的带青皮播种，晾晒也不需干透。而春播的种子贮藏时间则较长。多数地区以春播为主，贮藏时应注意保持低湿（5℃左右）、低温（空气相对湿度 50%～60%）和适当通气，以保证种子经贮藏后仍有正常的生命力。核桃种子的贮藏方法以沙藏为好，也可干藏，其具体方法：

（1）露天坑藏　选择地势高、干燥、排水良好、无鼠害的背阴处，挖宽 100cm 左右，深 80～100cm，长度视种子量而定的贮藏坑。贮藏前，种子应进行水选择，将漂浮于水面上的瘪种子弃掉，将浸泡 2～3 天的饱满种子取出进行沙藏。先在坑底铺河沙一层，厚 10cm 左右，再将核桃、沙分层交互放入坑内；或 1 份核桃 2 份沙混合放入坑内。堆至距地面 12～15cm 时，用沙填平，上面加土成屋脊状。同时于贮藏坑四周开出排水沟，以免积雪融化侵入坑内，造成种子霉烂。为保证贮藏坑内空气流通，应于坑的中间竖一束秸秆，直达坑底，以利通气。

（2）室内堆藏　在阴凉室内地面上，铺一层玉米秆或稻草，再于其上铺以手捏不成团的适湿河沙一层，然后按 1 份核桃 2 份沙的比例，将果沙混匀后堆放其上。也可将核桃和河沙分层交互放置，每层 4～7cm 厚。最后在堆的上部再覆湿河沙一层，厚 4～5cm，沙上再盖以稻草。堆高 80～100cm 为宜。沙藏期间每隔 3～4 周翻动检查一次。

（3）普通干藏　核桃种子采收后，在通风的地方凉干，装入袋或缸等容器内，放在经过消毒的低温、干燥、通风的室内或地窖内。种子少时可以袋装吊在屋内，既防鼠害，又可通风散热。

（4）密封干藏　核桃种子采收后，在通风的地方凉干，装入双层塑料袋内，并放入干燥剂密封，然后放进可控温、控湿、通风的种子库或贮藏室内。

### （三）苗圃地选择与整地

选择苗圃地是育苗成败的基础。苗圃地应选择在地势平坦、土壤肥沃、土质疏松、背风向阳、排水良好、有灌溉条件且交通方便的地方。切忌选用撂荒地、盐碱地（含量超过 0.25％）以及地下水位在地表 1m 以内的地方作苗圃地。此外，也不能选用重茬地，因重茬可造成所需元素的缺乏和有害元素的积累，从而降低苗木产量和质量。如繁育嫁接苗，最好靠近或提前建立采穗圃。

圃地的整理是保证苗木生长和质量的重要环节。主要包括以下几项工作：

**1. 深耕**　深耕有利于苗木根系生长发育。深耕深度 25～30cm。秋季深耕前，每亩施有机肥 2～4t，深耕后灌足冬水，春季播种前再浅耕一次（15～20cm），然后耙平镇实供播种用。

**2. 土壤消毒**　目的是消灭土壤中的病虫害。

（1）福尔马林　又称甲醛。每平方米用福尔马林 50mL，加水 6～12kg，播种前 10～15 天喷洒播种地，后用塑料薄膜覆盖压实，播种前 5 天除去薄膜，5 天后待味散失后播种。

（2）五氯硝基苯混合剂　此药对人畜无害。配制方法：五氯硝基苯 75%，代森锌或苏化剂、敌克松 25%。施用量 4～6g/m²，将配好的药与干细沙土混匀，撒于播种沟底，点播种子后再撒药土，然后覆土镇实。

**3. 整地方式**　核桃育苗地整地分为作床（畦）和作垄两种方式。

（1）作床　新疆采用低床方式。床面低于步道或地埂25～30cm，床宽 5～10m，床长 10m。和田地区多采用此法。

（2）作垄　垄高 20～30cm，垄顶宽 30～35cm，垄间距 70cm，垄长 10m 左右，作垄的特点是便于灌溉，土壤不易板结，光照、通风条件好，管理和起苗较方便，今后育苗应提倡采用作垄方式。

## （四）播前种子处理

秋播种子不需任何处理，可直接播种。春季播种时，播种前应进行浸种处理，以确保发芽。可用冷水浸种、冷浸日晒、温水浸种、开水浸种、石灰水浸种等方法。

**1. 冷水浸种法**　用冷水浸泡种子 7～10 天，每天换水一次，或将装有核桃种子的麻袋放在流水中浸泡，当大部分种子膨胀裂口时，即可播种。

**2. 冷浸日晒法**　将种子夜间浸泡在冷水中，白天取出放在阳光下曝晒，浸泡后的种子因吸水膨胀，一经曝晒，多数种子开裂，将裂口的种子捡出来即可播种。这是一种比较常用的办法。

**3. 温水浸种法**  将种子放在 80℃温水缸中，然后搅拌，使其自然降至常温后，再浸泡 8～10 天，需每天换水，种子膨胀裂口后即可捞出播种。

**4. 开水浸种法**  当种子未经沙藏急须播种时，可将种子放在缸内，然后倒入种子量 1.5～2 倍的沸水，随倒随搅拌，使水面浸没种子，这时果壳不断爆裂，要不停搅动，5min 后捞出种子即可播种，也可搅到水温不烫手时即加入凉水，浸泡一昼夜，再捞出播种。此法还可同时杀死种子表面的病原菌。多用于中、厚壳核桃种子，薄壳和露仁核桃不能采用。

**5. 石灰水浸种法**  将种子浸在石灰水溶液中（每 50kg 种子用 1.5kg 生石灰和 10kg 水），用石灰头压住核桃，再加冷水，不需换水，浸泡 7～8 天，然后捞出曝晒几小时，待种子裂口时，即可播种。

## （五）播种

**1. 播种时期**  可分为秋播和春播。秋播宜在土壤结冻前进行（一般在 10 月下旬至 11 月下旬）。但应注意秋播不宜过早或过晚，播种过早气温高，种子在湿土中易发芽或霉烂，且易受牲畜鸟兽盗食，春季出苗整齐；播种过晚，土壤结冻，操作困难。秋播的优点是不必进行种子层积处理，春季出苗整齐，苗木生长健壮。但秋播只适于南方，北方地区因冬季严寒和鸟兽危害较重不宜秋播。春播宜在土壤化冰之后马上进行（北方地区多在 3 月下旬至 4 月初），春播的缺点是播种期短，田间作业紧迫。若延迟播种则气候干燥，蒸发量大，不易保持土壤湿度，同时生长期短，生长量小，会降低苗木质量。一般买的种子成熟度较差，不适合秋播，易发霉、腐烂。

**2. 播种方法**　核桃因种粒大，价格高，多采用开沟点播法播种。播种前苗圃地要整地施肥，并做成 1m 宽的苗床，覆膜的苗床上可以点播两行，行距 20～30cm，株距 10～15cm；高垄播种时一般每垄背中间播 1 行，株距 10～15cm，宽垄可播 2 行。播种时先按照行距沿行向开播种沟，然后浇水，待水下渗后播种，播种时种子的摆放方式是种子缝合线与地面垂直，种尖向一侧摆放，这样出苗最好，播种深度是核桃直径2～3 倍，播后覆土 9～12 cm。遵循秋深春浅，旱深涝浅的原则。同时应注意要预留宽窄行，以便进行嫁接。

**3. 播种量**　播种量因株行距和种子大小及质量不同而异。若按苗床宽 1m，每床 2 行，株距 10cm 计算，每亩需大粒种子（60 粒/kg）300kg、中小粒种子（100 粒/kg）180kg。如株距 15cm，每亩则需大粒种子 200kg、中小粒种子 120kg。可产苗 7 000～10 000 株。

## （六）苗期管理

核桃春季播种后 20 天左右开始出苗，40 天左右出齐。为进一步培育生长健壮的砧木苗，必须重视苗期的田间管理工作。

**1. 补苗**　当苗木大量出土时，应及时检查苗圃地出苗情况。若发现部分地段缺苗严重，应及时补苗，以确保单位面积的成苗数量。补苗的方法：可采用催芽的种子重新播种，也可将多余的幼苗进行带土移栽。

**2. 施肥灌水**　在核桃苗木出齐前不需灌水，以免造成地面板结。若墒情过差时可及时灌水，并视具体情况进行除草松土。当苗出齐后，为了加快生长，应及时灌水。5、6 月是苗木生长的关键时期，一般要视墒情灌水 2～3 次，并结合追施速效氮肥 2 次，每次每亩尿素 20kg 左右。7、8 月雨量较多，可根据雨情决定灌水与否，并适当追施磷钾肥 2 次。9、10 月份一般灌水 2～3 次，特别要保证灌上最后一次封冻水。此外，幼苗生长期间还可以进行根外追肥，用 0.3％的尿素或磷酸二氢钾液喷布叶面，每 7～10 天一次。雨水多的地区或季节要注意排水，以防苗晚秋陡长或烂根死亡。

**3. 中耕除草**　及时中耕除草可以疏松表土，减少蒸发，防止地表板结，促进气体交换，提高土壤中有效养分的利用率，给土壤微生物活动创造有利的条件。幼苗前期，中耕深度为 2～4cm，后期可逐步加深到 8～10cm，中耕次数可视具体情况进行 2～4 次。

苗圃的杂草生长快，繁殖力强，与幼苗争夺水分和养分，有些杂草还是病虫的媒介和寄生场所。因此，苗圃地必须及时除草和中耕。中耕除草应与追肥灌水结合进行，除在杂草旺长季节进行几次专项中耕除草外，每次追肥后必须灌水，并及时中耕和消灭杂草。

**4. 防止日灼**　幼苗出土后，如遇高温曝晒，其嫩茎先端往往容易焦枯，即日灼，俗称"烧芽"。为了防止日灼，除注意播前的整地质量外，播后可在地面覆草，这样可降低地温，减缓蒸发，亦能增强苗势。

**5. 防治病虫害**　核桃苗木的病害主要是黑斑病、炭疽病、苗木菌核性根腐病、苗木根腐病等。其防治方法：除在播种前进行土壤消毒和深翻之外，对苗木菌核性根腐病和苗木根腐病可用 10％硫酸铜或甲基托布津 1 000 倍液浇灌根部。对黑斑病、炭疽病、白粉病等可在发病前每隔 10～15 天喷等量波尔多液 200 倍液 2～3 次，发病时喷 70％甲基托布津可湿性粉剂

800 倍液，防治效果良好。

核桃苗木的虫害主要有象鼻虫、刺蛾、金龟子、浮尘子等。对此，应选择适宜时期喷布 90％敌百虫 1 000 倍液，2.5％溴氰菊酯 5 000 倍液，80％敌敌畏乳油 1 000 倍液或 50％杀螟松 2 000 倍液等，都可取得良好效果。

**6. 越冬防寒**　多数地区核桃苗不需防寒，但在冬季经常出现 −20℃以下低温的地区，则需做好苗木的保护工作。其方法是将苗木就地弯倒，然后用土埋好即可。也可先平茬后埋土，效果也不错。

**7. 苗木移植**　在北方寒冷地区，为了有利于苗木越冬，往往在结冻前将苗木全部挖出假植，翌年春季解冻后再栽植经过移植的苗木，由于切断了主根，有利于侧根或须根的生长，定植后缓苗较快，成活率高。挖苗时应注意保护根系，要求在起苗前一周灌一次透水，使苗木吸足水分，便于挖掘。一年生苗主根长度不应小于 15～20cm，两年生苗主根要在 30cm 以上，侧根要完整。若主根过短，侧根损伤过多，移栽不易成活。苗木出土后，可对受损伤根系进行修剪，以刺激新根形成。

# 二、嫁接苗的培育

嫁接苗的培育是嫁接繁殖中的关键环节，它直接决定着嫁接成活率的高低和嫁接树的优劣，在生产中应给予充分的重视。

## （一）砧木选择

选择砧木需要考虑的原则：①要与栽培品种有良好的嫁接

亲和力，能使嫁接品种生长健壮、丰产、长寿、果实品质好；②对栽培地区的环境条件有良好的适应性；③砧木的种苗来源丰富，且繁殖容易；④根据栽培目的，选用有某种特性的砧木，如具有控制树体生长能力的矮化砧木；⑤砧木根系发达，固地性好。实践证明，我国北方采用核桃砧本或核楸效果较好；南方则以野核桃和铁核桃为宜。砧木苗应为 1～2 年生树，地径在 1.0cm 以上。

## （二）接穗的选择

接穗应根据品种区域化的要求，选择适于当地的品种，市场前景好的良种。接穗一般应从母本园或品种园母株上采取。母株应是经过选择、鉴定，品种纯正，生长健壮，丰产稳产，无病虫的成年良种果树植株；选取树冠外围中上部生长充实、芽体饱满的当年生或一年生发育枝，细弱枝、徒长枝不能作接穗。合格的接穗条标准应该是：枝接接穗条为长 1m 左右，粗 1～1.5cm 的发育枝或徒长枝，枝条要求生长健壮，发育充实，髓心较小，无病虫害。在一年生接穗条缺乏的情况下，也可用强壮的结果母枝或基部带两年生枝段的结果母枝，但成活率较低。芽接所用有接穗条应是木质化较好的当年发育枝，幼嫩新梢不宜作穗条，所采接芽应成熟饱满。

## （三）接穗的采集、处理与贮运

**1. 接穗的采集**　　采集接穗的时期因嫁接方法的不同而不同。枝接用的接穗采集时间，从第一年秋季核桃落叶后到第二年春季核桃芽萌动前都可进行。北方地区，核桃由于冬季抽条现象严重，适宜在秋末冬初，结合冬季修剪工作采集。采下的接穗每 30～50 根打成一捆，打捆时穗条基部要对齐，先在基部捆一道，再在上部捆一道，然后剪去顶部过长、弯曲或不成熟的顶梢，用标签标明品种，最后进行沙藏保存。芽接所用接穗多为夏季随采随用。采集接穗多在每天早晨或傍晚进行，避开炎热的中午，以防接条采下后大量失水。如夏、秋进行嫩枝嫁接，应随采随接，采下后应立即剪去叶片（仅留下叶柄）及生长不充实的梢端，并用湿布包好，以减少水分蒸发，或随即把接穗基部浸在水桶清水中，并放在阴凉处，以防失水。

**2. 接穗的处理**　采下后要立即修整成捆，挂上标签标明品种、数量，用沟藏法埋于湿沙中贮存起来，温度以 0～10℃为宜。少量的接穗可放在冰箱中。近年来，一般采用贮存蜡封接穗的方法，其优点是使接穗减少水分的蒸发，保证接穗从嫁接到成活一段时间的生命力。其方法是接穗采集后，按嫁接时所需的长度进行剪截，一般接穗枝段长度为 10～15cm，保留3 个芽以上，顶端具饱满芽，枝条过粗的应稍长些，细的不宜过长。剪穗时应注意剔除有损伤、腐烂、失水及发育不充实的枝条，并且对结果枝应剪除果痕。封蜡时先将工业石蜡放在较深的容器内加热融化，待蜡温 95～102℃时，将剪好的接穗枝段一头迅速在蜡液中蘸一下（时间在 1s 以内，一般为 0.1s），再换另一头速蘸。要求接穗上不留未蘸蜡的空间，中间部位的蜡层可稍有重叠。注意蜡温不要过低或过高，过低则蜡层厚，易脱落；过高，则易烫伤接穗。蜡封接穗要完全凉透后再收集贮存，可放在地窖、山洞中，要保持窖内温度及湿度。

**3. 接穗的贮运**

（1）接穗的保存　接穗采下后 3 天内不能嫁接，应将接穗妥善保存。生产上多采取以下 3 种方法进行临时保存。

①水井悬挂保存法　将接穗捆成梱，用湿布包好（露出两头），放在筐内，用绳子捆好，放入井内水面以上。此方法可安全保存5～10天。

②沙埋法　春天将接穗放在室内通风处，上用湿河沙埋好，让接穗与湿沙充分接触，并保持河沙湿度。此法可安全保存6～10天。

③冰箱或冷库保管法　把捆好的接穗放入冰箱或冷库进行低温保管，温度控制在3～5℃，一般可安全保存15～20天。

（2）接穗的运输　异地引种的接穗必须做好贮运工作。蜡封接穗，可直接运输，不必经特殊包装。未蜡封的接穗及芽接、绿枝接的接穗及常绿果树接穗要保湿运输。将接穗用锯木屑或清洁的刨花包埋在铺有塑料薄膜的竹筐或有通气孔的木箱内。接穗量少时可用湿草纸、湿布、湿麻袋包卷，外包塑料薄膜，留通气孔，随身携带，注意勿使受压。运输中应严防日晒、雨淋。夏秋高温期最好能冷藏运输，途中要注意检查湿度和通气状况。接穗运到后，要立即打开检查，安排嫁接和贮藏。

### （四）嫁接技术

**1. 嫁接时期**　核桃的嫁接时期因地区和气候条件不同而异。各地应根据当地实际情况来决定具体的嫁接时期。一般来说，室外枝接的适宜时期是从砧木发芽至展叶期，此时生长开始加快，砧穗易离皮，伤流较少或没有伤流，有利于愈伤组织形成和成活。北方多在3月下旬到4月下旬，南方则在2～3月份。北方地区芽接时间多在6月到8月中旬进行，其中以6月下旬至7月上旬为最好。

**2. 嫁接方法** 根据嫁接时期和所用的接穗不同，可分为枝接和芽接两大类，每类又包括多种嫁接方法。

（1）枝接 以枝条为接穗的嫁接方法称为枝接。包括劈接、插皮舌接、插皮接、舌接等方法。

①劈接 适于年龄较大，苗木较粗的砧木，是过去应用最为普遍的一种嫁接方法。操作要点：将砧木在离地面5～10cm处锯断，并削平断面，用劈接刀从砧木横断面的中央垂直向下劈，深4～5cm，一般每段接穗留3个芽，在距最下端芽0.5cm处，用刀沿两侧各削一个4～5cm的大削面，使下部呈楔形，两削面应一边稍厚，一边稍薄。接穗削好后，把砧木劈口撬开，将接穗厚的一侧向外，窄面向里迅速插入砧木劈口中，使两者的形成层对齐贴紧，接穗削面的上端应高出砧木切口0.2～0.3cm。当砧木较粗时，可同时插入2个或4个接穗，最后用塑料薄膜条绑扎严密即可。

②插皮舌接 嫁接时将砧木在离地面5～10cm处锯断，选砧木平直部位，削去粗老皮，露出嫩皮（韧皮），削面的长宽稍大于接穗的削面。砧木接口直径需在3cm以上，根据砧木的粗度确定插入接穗的数量，一般砧木接口直径达3～4cm时，插2条接穗。接穗长15cm左右，削面上端要有2～3个饱满芽，将接穗削成单面长马耳形，长5～8cm。然后，将接穗削面前端的皮层捏开，将接穗的木质部轻轻插于砧木的木质部与韧皮部之间。接穗的皮部放在砧木的嫩皮上，插至微露接穗削面即可，然后绑扎严密。

③插皮接 又叫皮下接。操作要点：在距地面5～8cm处，在砧木的嫁接部位选光滑处剪断，剪、锯口要削平，以利愈合，在接穗的下部先削一长3～5cm的长削面，使下端稍

尖，削面要平直并超过髓心，再在削面的背面末端削成 0.5～0.8cm 的一小斜面或在背面的两侧再各微微削去一刀，接穗上部留 2～3 个芽，顶端芽要留在大削面的背面，在砧木切口选表面光滑部位，将砧木皮层划一纵切口，长度为接穗长度的 1/2～2/3，深达木质部，将树皮向两边轻轻拨起，然后将接穗长削面对着木质部，从皮层切口中间插入，并使接穗背面对准砧木切口正中，长削面留白 0.5cm，最后用塑料薄膜条（宽 1cm 左右）绑扎。如果砧木较粗可同时接上 3～4 个接穗，均匀分布，成活后即可作为新植株的骨架。

④舌接　操作要点：将砧木上端削成 3cm 长的马耳形削面，再在削面上端 1/3 长度处，顺砧干垂直向下切一长 2cm 左右的纵切口，成舌状。在接穗平滑处顺势削 3cm 长的斜削面，再在斜面上端 1/3 长度处同样切 2cm 左右的纵切口，和砧木斜面部位纵切口相对应。然后将砧、穗大、小削面对齐插入直至完全吻合，两个舌片彼此夹紧，使两者的形成层对准。若砧穗粗度不等，可使一侧形成层对准，然后用塑料条包严绑紧。

⑤腹接　操作要点：选一年生生长健壮的发育枝作接穗，每段接穗留 2～3 个饱满芽，用刀在接穗的下部先削一长 3～5cm 的长削面，削面要平直，再在削面的对面削一长 1～1.5cm 的小削面，使下端稍尖，接穗上部留 2～3 个芽，顶端芽要留在大削面的背面，削面一定要光滑，芽上方留 0.5cm 剪断，在砧木的嫁接部位用刀斜着向下切一刀，深达木质部的 1/3～1/2 处，然后迅速将接穗大削面插入砧木削面里，使形成层对齐，用塑料布包严即可。

⑥切接　操作要点：嫁接时先将砧木距地面 5cm 左右圆整平滑处剪断、削平剪口，选择较平滑的一面，用切接刀在砧

木一侧（略带木质部，在横断面上为直径的 1/5～1/4）垂直向下切，深度应稍小于接穗的大削面，2～3cm。再把接穗剪成有 2～3 个饱满芽的小段，将接穗下部的一面削成长 3cm 左右的大削面（与顶芽同侧），另一面削一长 1cm 左右小削面，削面必须平。将削好的接穗，大削面向里、小削面向外的方向插入砧木切口，使接穗形成层与砧木形成层对准密接。接穗插入的深度以接穗削面上端露出 0.2～0.3cm 为宜，俗称"露白"，有利愈合成活。如果砧木切口过宽，可对准一边形成层，然后用塑料条由下向上捆扎紧密，使形成层密接和伤口保湿。

（7）靠接　操作要点：嫁接前使接穗和砧木靠近。嫁接时，按嫁接要求将两者靠拢在一起。选择粗细相当的接穗和砧木，并选择二者靠接部位。然后将接穗和砧木分别朝结合方向弯曲，各自形成"弓背"形状。用利刀在弓背上分别削 1 个长椭圆形平面，削面长 3～5cm，削切深度为其直径的 1/3。两者的削面要大小相当，以便于形成层吻合。削面削好后，将接穗、砧木靠紧，使两者的削面形成层对齐，用塑料条绑缚。愈合后，分别将接穗下段和砧木上段剪除，即成一棵独立生活的新植株。

（8）芽接　核桃芽接方法较多。根据芽片或切口的形状，可分为方块形芽接、"工"字形芽接、环状芽接等方法。但无论哪种方法，芽片处均应取自当年生长健壮的发育枝的中下部，以中等大的芽为最好，砧木以 2～3 年生经平茬后的当年生枝最为理想，要选在砧木中下部平直光滑、节间稍长的部位嫁接。

①方块形芽接　操作要点：在 5 月底至 6 月上、中旬进行，选取芽体发育充实的枝条作为接穗。具体做法：将叶柄从

基部削平，在芽上方 0.5cm 处切一横刀，深达木质部；在芽下方 1.5cm 处切一横刀，深达木质部；在芽右侧刻一竖刀，深达木质部；在芽左侧刻一竖刀，深达木质部；在上一刀口左侧 2～3mm 处再刻一竖刀，并与之平行，取下上面形成的一条枝皮，将取下的枝皮放在砧木上，以此作砧木切口上下的标准，平行地横切两道，深达木质部。在上两切口的左侧，纵切一刀，将树皮撬开，取下接穗的方块芽片，将芽片放入砧木的切口里，并撕去砧木撬起的树皮，用塑料薄膜包扎。

②"工"字形芽接　操作要点：将接芽上下各环切一刀，深达木质部，长 3～4cm，宽 1.5～2.5cm，再从接穗背面取下 0.3～0.5cm 宽的树皮作为"尺子"，在砧木适当部位量取同样长度，上下各切一刀，宽度达干周的 2/3 左右，从中间竖着撕去 0.3～0.5cm 宽的皮，然后剥开两边的皮层，将芽片四周剥离，用拇指按住接芽侧面向左推下芽片，将芽片嵌入砧木切口中，用塑料条自上而下包扎严密。

③环状芽接　操作要点：在接穗上选好接芽后，先在芽上 1cm 和芽下 1.5～2cm 处各环切一周，深达木质部，然后背面纵切一刀，取下环状芽片。再于砧木适当高度光滑处，环割取下与芽片相同大小的筒状树皮，将芽片迅速镶嵌于砧木切口内，然后绑严。要特别注意勿使芽环左右移动。

④不带木质部的"丁"字形芽接　操作要点：先从芽上方 0.5cm 左右，横切一刀，刀口长 0.8～1cm，深达木质部，再从芽片下方 1～1.5cm 连同木质部向上斜削到横切口处，捏住芽片横向一扭，取下芽，芽片不带木质部，芽居芽片正中或稍偏上一点。在距地面 5cm 左右，选光滑无疤部位横切一刀，深度以切透韧皮部为准，宽度比接芽略宽，然后从横切刀口中

央向下竖切一垂直口，使切口呈一 T 形。长度与芽片长度相适应，切后用刀尖左右一拨撬起两边皮层，把芽片放入切口，迅速插入，并使接芽上切口与砧木横切口密接，其他部分与砧木紧密相贴，然后用塑料带从下向上一圈压一圈地把切口包严，注意将芽和叶柄留在外面，以便检查成活。

⑤嵌芽接　操作要点：选健壮的接穗，切削芽片时，自上而下切取，在芽的上部 1～1.5cm 处稍带木质部往下斜削一刀，达到芽的下方 1cm 处，然后在芽的下部 0.5cm 处向下向内斜削到第一刀削面的底部，即可取下芽片，一般芽片长 2～3cm，宽度不等，依接穗粗度而定。在砧木平滑处，用削取芽片的同一方法，削成与带木质部芽片等大的切口，将砧木上被削掉的部分取下，下部留有 0.5cm 左右。将芽片插入切口使两者形成层对齐，再将留下部分贴到芽片上，用塑料带绑扎好即可。

**3. 嫁接苗的管理**　从嫁接到完全愈合及萌芽抽枝需 30～40 天时间，为保证嫁接苗健壮生长，应加强以下管理：

（1）谨防碰撞　刚接好的苗木接口不甚牢固，最忌碰撞造成的错位或劈裂。应禁止人畜进入，管理时应注意勿碰伤苗木。

（2）检查成活、解绑和补接　芽接一般 7～14 天即可进行成活率的检查，春季温度低，时间可长些。生长期芽接一般可从接芽和叶柄状态来检查，凡芽体与芽片呈新鲜状态，叶柄一触即落的表明已成活；未成活则芽片失水干枯变黑。枝接的 3 天后就可检查，凡接枝新鲜，芽眼开始萌动，证明已经成活。枝接和根接一般在接后 20～30 天进行成活率的检查，成活的表现为接穗上的芽新鲜、饱满，甚至已经萌发生长；未成活的则接穗干枯或变黑腐烂。休眠期枝接、芽接后，枝芽新鲜，愈合良好即为成活。

在检查时如发现绑缚物过紧应及时松绑或解除绑缚物，以免影响接穗的加粗生长。导致绑缚物陷入皮层，使接芽受损伤。接口的包扎物不能去除太早，否则接口易被风吹干。芽接的一般当新芽长至 2～3cm 时，即可陆续解除绑缚物。生长快的树种，枝接最好在新梢长到 20～30cm 长时解除绑缚物。在检查中发现嫁接未成活时，可抓紧时间在其上或其下错位及时进行补接；秋接枝接由于气温降低来不及补接的可于第二年春进行补接。

（3）剪砧与除萌　嫁接成活后，凡在接口上方仍有砧木枝条的，要及时将接口上方砧木部分剪去，以促进接穗的生长。一般树种剪砧可分一次剪砧和二次剪砧两种：一次剪砧是在春季萌芽前，在接芽上部 0.2～0.3cm 处剪断，剪口向接芽背面稍微倾斜，有利于剪口愈合和接芽萌发生长。二次剪砧是第一次在接口以上 20cm 左右处剪去砧木上部（核桃应在接口以上 30cm 左右有小枝处剪断，以防干枯）。保留的活桩可作新梢扶缚之用，待新梢木质化后，再进行第二次剪砧，剪去此活桩。苹果、桃等树种，为使接芽迅速萌发生长，可改用折砧处理，即在接合部上方 2～3cm 处，接芽的上方，将砧木刻伤，折倒在接芽的背面，待接穗新梢木质化后，再全部剪除。

嫁接后十几天砧木上即开始发生萌蘖，须及时抹除砧木上的萌芽和根蘖，以免和接芽争夺养分、水分。除萌蘖要随时进行，对小砧木上的要除净，大砧木上的如光秃带长，应在适当部位选留一部分萌枝，第二年嫁接，如砧木较粗又接头较小，则不要全部抹除，在离接头较远的部位适当保留一部分，以利长叶养根。枝接苗萌发后，选留一个健壮的新梢，其余从基部除去，并及时抹去砧芽，一般需要除萌 2～3 次。

（4）绑保护支架　嫁接苗长出新梢时，遇到大风易被吹折或吹弯，从而影响成活和正常生长。故一般在新梢长到 5～8cm 时，紧贴砧木立一直径 3cm、长 80～100cm 的支柱，将新梢绑于支柱上，以防风折。在生产上，此项工作较为费工，通常采用如降低接口、在新梢基部培土、嫁接于砧木的主风方向等其他措施来防止或减轻风折。

（5）适时解除接口上的绑扎物　当嫁接部位已经愈合牢固，要及时地解除接口上的一切绑扎物。如果解除过晚，可造成嫁接部位的缢伤；解除过早，接口愈合不牢，容易造成嫁接树新枝死亡。

（6）适时摘心　大砧木嫁接时，为了促进嫁接树多分枝、早成形和保持树冠矮小、紧凑、结果多，当新梢 30cm 左右时摘心；嫁接当年可摘心 2～3 次。

（7）加强肥水管理和病虫害防治　核桃嫁接之后 2 周内禁忌灌水施肥，当新梢长到 10cm 以上时应及时追肥浇水。也可将追肥、灌水与松土除草结合起来进行。为使苗木充实健壮，秋季应适当控制浇水和施氮肥，适当增加磷、钾肥。8 月中旬摘心，可增强木质化程度。此外，苗木在新梢生长期易遭食叶害虫为害，要及时检查，注意防治。

**4. 苗木出土与分级、贮运和假植**

（1）苗木出土与分级　苗木分级的目的是保证苗木的质量和规格，提高建园时的栽植成活率和整齐度。核桃嫁接苗木要求接合牢固，愈合良好，接口上下的苗茎粗度要一致；茎要通直，充分木质化，无冻害、风干、机械损伤及病虫危害等；苗根的劈裂部分粗度在 0.3cm 以上时要剪除。

（2）苗木贮运　根据运输要求及苗木大小，嫁接苗按 25 或 50 株打成一梱。不同品种分别打捆，挂上挂签，注明品种、苗龄、等级、数量等，然后装入湿蒲包内，喷水。包装外面再挂一相同标签，以确保苗木不混。运输过程中，要注意防止日晒、风吹和冻害，并注意保湿和防霉。到达目的地后，立即解绑假植。苗木运输最好在晚秋或早春气温较低时进行，外运的苗木要经过检疫，以防止病虫害的蔓延。

（3）苗木假植　起苗后如不能立即外运或栽植时，必须实行假植。依假植时间长短分为临时（短期）假植和越冬（长期）假植两种。前者一般不超过 10 天，只要用湿土埋严根系即可，干燥时及时喷水。后者则需细致进行，可选地势高燥、排水良好、交通方便、不易受牲畜危害的地方挖沟假植。沟的方向应与主风向垂直，沟深 1m，宽 1.5 m，长依苗木数量而定。假植时，先在沟的一头垫些松土，苗木斜排，呈 30°～45° 角，埋土露梢，然后再放第二排苗，依次排放，使各排苗呈错位排列。假植时若沟内土壤干燥，应及时喷水，假植完毕后，埋住苗顶。土壤结冻前，将土层加厚到 30～40cm，春暖以后及时检查，以防霉烂。

第五章 ·················

# 核桃建园技术

　　建园是核桃生产中的重要环节。因核桃生命周期长，核桃园一旦建立，便不易改变。因此，建园时，应对园地的土质、地势、气候等条件进行认真选择，并进行严密地规划设计，以避免因选址不当和规划不周而带来各方面的不便及损失。

## 一、园地的选择

　　根据核桃对环境条件的要求，选择适宜的地点进行建园。

### （一）温度

　　核桃属喜温树种，适宜生长在年平均温度 9～16℃、极端最低温度 -25～32℃以上、极端最高温度 38℃以下、无霜期 150～240 天的地区。夏季温度超过 38℃，核桃易出现日灼，核仁发育不良，形成空苞。

### （二）水分

　　核桃耐干燥的空气，但对土壤水分状况比较敏感。土壤过旱或过湿，均不利于核桃的生长发育。年降水 600～800mm

且分布均匀的地区基本可满足核桃生长发育的需要。

### （三）光照

核桃属喜光树种，结果期核桃要求全年日照在 2 000h 以上，如低于 1 000h，坚果核壳和核仁发育不良。特别在雌花开花期，遇阴雨低温天气，极易造成大量落花落果；若光照条件良好，坐果率会明显提高。

### （四）土壤

核桃为深根性树种，要求土壤深厚，土层厚度在 1m 以上才能保证其良好的生长发育。核桃要求土质疏松和排水良好，在沙壤土和壤土中生长良好，黏重板结的土壤或过于瘠薄的沙地不利于核桃的生长发育。在中性或微酸性土壤中生长最好。核桃为喜钙植物，在石灰性土壤中生长结果良好。土壤含盐量过高会影响核桃的生长发育。

在规划设计中，选择远离厂矿、公路等污染源的位置作为无公害核桃生产建园地。园地要选在背风向阳、土层深厚、通透性和排水性良好的壤土或沙壤土地块，地下水位在 2.0m 以下，pH6.2～8.2，以石灰质土壤为宜，土壤总含盐量不超过0.25％。对通透性较差的黏土或含盐量较高的碱性土需进行改良。

核桃适宜生长在 10°以下的缓坡地带，对坡度在 10°～25°的地段需要修筑相应的水土保持工程，坡度在 25°以上的地段不宜栽种核桃。生产环境要符合《NY 5013—2006 无公害食品 林果类产品产地环境条件》的规定（表 5-1，表 5-2，表 5-3）。

表 5-1　大气各项污染物的浓度限值

| 项 目 | 浓度限值 | |
|---|---|---|
| | 日平均 | 1h 平均 |
| 总悬浮颗粒物（TSP）（标准状态），mg/m³ | ≤0.30 | — |
| 二氧化硫（SO₂）（标准状态），mg/m³ | ≤0.15 | ≤0.50 |
| 二氧化氮（NOx）（标准状态），mg/m³ | ≤0.12 | ≤0.24 |
| 氟化物（F），微克/平方分米/天 | ≤7.0 | 20 |

表 5-2　农田灌溉水各项污染物的浓度限值

| 项 目 | 指标 |
|---|---|
| pH | 5.5~8.5 |
| 总汞，mg/L | ≤0.001 |
| 总镉，mg/L | ≤0.005 |
| 总砷，mg/L | ≤0.05 |
| 总铅，mg/L | ≤0.10 |
| 铬（六价），mg/L | ≤0.10 |
| 氟化物，mg/L | ≤3.0 |
| 氰化物，mg/L | ≤0.50 |
| 石油类，mg/L | ≤10 |

表 5-3　土壤各项污染物的浓度限值

| 项 目 | 指标 | | |
|---|---|---|---|
| | pH<6.5 | pH 6.5~7.5 | pH>7.5 |
| 总镉，mg/kg | ≤0.30 | ≤0.30 | ≤0.60 |
| 总汞，mg/kg | ≤0.30 | ≤0.50 | ≤1.0 |
| 总砷，mg/kg | ≤40 | ≤30 | ≤25 |
| 总铅，mg/kg | ≤250 | ≤300 | ≤350 |
| 总铬，mg/kg | ≤150 | ≤200 | ≤250 |

无公害大型核桃生产基地规划时，立地条件较好的平地按每 60m×667m～80m×667m 划分种植小区；立地较差的山区丘陵地按每 15m×667m～30m×667m 划分种植小区，种植小区的形状以长方形为宜，长宽比为 2～5∶1，要求长边与当地主要有害风向相垂直。山区丘陵坡地按等高进行规划。

## 二、苗木的选择

准备苗木是完成果园建设的一项很重要的工作，它不仅需要掌握所需苗木的来源、数量，更重要的是应保证苗木质量，后者将直接关系到建园的成败与经济效益。苗木质量除要求品种优良纯正外，还要求苗木主根发达，侧根完整，无病虫害，分枝力强，容易形成花芽，抗逆性强。一般以株高 1m 以上，干径不小于 1cm，须根较多的 2～3 年生壮苗为最佳。如有条件，最好就地育苗、就地栽植。若需外购苗木应按苗木运输要求进行。

## 三、栽植时期

核桃适宜在温暖、土层深厚、排水良好的沙壤和黑壤土上生长，宜在阳坡和背风处栽植。在荒山丘陵地区发展核桃，应先修梯田，挖大鱼鳞坑，做好水土保持。核桃栽植时期有春栽和秋栽两种。北方春旱地区，核桃根系伤口愈合较慢，发根较晚，以秋栽较好。秋栽树萌芽早，生长健壮，但应注意幼树冬季防寒。秋栽的具体时期从落叶后到土壤结冻以前（即 10 月至 11 月）均可。而对冬季气温较低，保墒良好，冻土层很深，冬季多风的地区，为防止抽条和冻害，宜于春栽。春栽在早春土壤解冻之后即可栽植，应注意春栽宜早不宜迟，否则会因墒情不良影响缓苗，同时栽后应视墒情适当灌水。

# 四、栽植方式和密度

核桃的栽培方式应根据立地条件、栽培品种和管理水平来确定。常用的栽植方式有长方形栽植、正方形栽植、三角形栽植、等高栽植、带状栽植等方式。一般在土层深厚，肥力较高的条件下，株、行距应大些，可采用 5m×6m 或 6m×8m。山地栽植以梯田面宽度为准，一般一个台面 1 行，超过 10m 的可栽 2 行，株距一般 4～6m。实行果粮间作的核桃园，栽植密度不宜硬性规定，一般的株、行距为 5m×10m 或 6m×12m。早实核桃因结果早，树体较小，可采用 3m×5m 或 5m×6m 的密植形式，也可采用 3m×3m 或 4m×4m 的计划密植形式，当树冠郁闭光照不良时，可有计划地间伐成 6m×6m 和 8m×8m。密植栽培需加强综合管理措施。

# 五、授粉树的配置

核桃属于雌雄同株异花果树，且雌雄花常常不遇，而且核桃花属于风媒花，花粉粒大、重，有效授粉距离短，建园时要注意配置授粉树。最好选用 2～3 个能够互相提供授粉机会的品种。如某一品种选为主栽品种，可每 4～5 行主栽品种配置 1 行授粉品种的方式定植，原则上主栽品种同授粉品种的最大距离应小于 100m，授粉品种比例为 8∶1。应保证授粉品种的雄花盛期同主栽品种的雌花盛期一致，授粉树的坚果品质也要好。

主要核桃品种的适宜授粉品种见表5-4。

表5-4 主要核桃品种的适宜授粉品种

| 主栽品种 | 授粉品种 |
| --- | --- |
| 晋龙1号、晋龙2号、西扶1号、香铃、西林3号 | 北京861、扎343、鲁光、中林5号 |
| 北京861、鲁光、中林3号、中林5号、扎343 | 晋丰、薄壳香、薄丰、晋薄2号 |
| 薄壳香、晋丰、辽核1号、新早丰、温185、薄丰、西落1号 | 温185、扎343、北京861 |
| 中林1号 | 辽核1号、中林3号、辽核4号 |

# 六、栽植方法

核桃苗木栽植以前，应先剪截伤根和烂根，然后将根系放在清水中浸泡24h，使根系充分吸水，并将根系蘸泥浆，有利于苗木成活。定植穴的大小，一般要求直径和深度各不少于0.8~1.0m，如果土壤黏重或下层为石砾、不透水层，则应加大加深定植穴，并采用客土、增肥、填草皮土或表层土等办法，为根系生长发育创造良好条件。

挖好定植穴后，将表土和有机肥混匀填入坑底，然后将苗木放入，舒展根系，继续填土踏实，填的过程中适当抖动苗木，以便根系向下伸展与土紧密接触，踩实周边，再填土到与地面齐平，全面踩实，确保苗木根茎（原来的土痕位置或第一层侧根往上 3～4cm 处即栽植深度线位置）以及平茬口露在地面以上。栽后在四周修好树盘，灌足定植水。核桃苗栽种后第一遍水一定要浇透，防止坑底有干土层，地下水和地上水不能连接，影响苗木成活率。浇渗下后用 80～100cm 见方的地膜将树盘覆盖好，在膜上面再盖一层土，可以有效保持水分，提高地温，促进根系生长，同时可以减少杂草生长。

# 七、栽后管理

## （一）检查成活及补栽

及时检查成活情况，苗木死亡的，要及时补栽。

## （二）苗木防寒

秋栽苗木，应于土壤结冻前弯倒埋土或整树套塑料袋，塑料膜做成直径为 20～25cm 的圆筒状，长度大于树高 7～8cm，并填满湿土。来年萌芽前撤去膜，扒开土，苗木放出即可。春栽苗木，为防春季大风，可在主干上套一报纸，报纸做成一端封口的圆筒状，直径 2cm 左右，或购买市售的防寒塑料袋。

## （三）定干

苗木萌芽后，即可定干，定干高度参见整形修剪部分。剪口距芽的距离应保持 2cm 左右，定干后要注意剪口涂漆。

# 第六章

## 核桃土肥水管理技术

土肥水管理是果树生产中的基础内容和根本措施。核桃树是多年生植物，树大根深，长期生长在一个地方，必然要从土壤中吸收大量的营养物质，才能满足其生长发育的需要。为了提高核桃园的生产效益，确保早结果、丰产、稳产、优质，必须加强土肥水管理。

## 一、土壤管理技术

### （一）土壤耕翻

深翻改土，是核桃园改良土壤的重要技术措施之一。它适用于平地核桃园或是面积大的梯田地。深翻改土，有利于改善土壤结构，增加土壤透气性，提高土壤的保水保肥能力，减少病虫害的发生，有利于根系向深处发展，扩大树体营养吸收范围。由于采果前后正值根系生长的高峰，因此是深翻的最佳时期。深翻，可结合施基肥进行，也可结合夏季压绿肥、秸秆进行，以增加土壤的有机质。开沟施入有机肥或秸秆后，先填表土，最后灌足水。每年或隔年沿大量须根分布区的边缘，向外扩宽 50cm 左右。深翻部位，以树冠垂直投影边缘内外，深 60～80cm，挖成围绕树干的半圆形或圆形的沟，然后将表层土混合基肥和绿肥或秸秆，放在沟的底层，而底层土放在上面，最后进行大水浇灌。深翻时，应尽量避免伤及直径 1cm 以上的粗根。

### (二) 中耕除草

中耕松土，是核桃园土壤管理经常使用的技术措施。生长季节对核桃园进行多次中耕除草，可以解除地表板结，切断毛细管，减少水分蒸发，增加土壤通气，促进肥料分解。同时清除杂草可节省水分、养分。在雨后、浇水后和干旱季节，效果更为明显。春、夏、秋三季可结合除草，中耕除草 3～5 次，深度以 6～10cm 为最佳。对于土壤条件较差、管理比较粗放的果园，更应该中耕松土，深度以 10～15cm 为宜。果粮间作的核桃园，可结合对间作物的管理进行，对树下杂草及时清除。在劳动力缺乏的大面积核桃园可采用除草剂除草，省工高效。

### (三) 园地覆盖

果园覆盖技术就是用秸秆（小麦秆、油菜秆、玉米秆、稻草等农副产物和野草）或薄膜覆盖果园的方法。在果园中进行覆盖，能增加土壤中有机质含量，调节土壤温度（冬季升温、夏季降温），减少水分的蒸发与径流，提高肥料利用率，控制杂草生长，避免秸秆燃烧对环境造成的污染，提高果实品质。

**1. 覆草**　最宜在山地、砂壤地、土层浅的核桃园进行。覆盖材料因地制宜，秸秆、杂草均可。除雨季外，覆草可常年进行。覆草厚度以常年保持在 15～20cm 为宜。过薄，起不到保温、增湿、灭草的作用；过厚，则早春土温上升慢，不利于根系活动。连续覆草4～5年后可有计划深翻，以促进根系更新。

**2. 覆盖地膜** 一般选择在早春进行，最好是春季追肥、整地、浇水或降雨后，趁墒覆盖地膜。覆盖地膜时，四周要用土压实，最好使中间稍低，以利于汇集雨水。在干旱地区覆盖地膜可显著提高幼树的成活率，所以以新植的幼树覆地膜尤为重要。

### （四）合理间作

核桃园间作，在生产上日益受到重视。核桃比其他果树容易管理，与粮食作物没有共同的病虫害，一般年份，病虫发生较轻，用药次数少，不会污染环境。只要加强肥水管理、科学调整在核桃树下面间作农作物或中药材，便能获得树上树下双丰收。因此，核桃园间作，不仅可以充分利用光能、地力和空间，而特别有意义的是可以提高幼龄桃园的早期经济效益。例如，单一种植的早实核桃园，需3年时间才能达到丰产期，间作栽培的核桃园则在建园当年就因间种作物的收益而达到收支平衡。目前，核桃园间作，已成为我国果农普遍采用的一种重要的栽培方式。

间作物的种类，国外主要在行间种植绿肥作物，如三叶草、苜蓿、毛叶苕子或豆科植物，目的在于仰制草荒，增加土壤有机质，同时也可以增加肥源，国内间作的植物种类较多，包括薯类、豆科等低秆类作物及果树苗木。在核桃园套种中药材，也取得了很好的收益。

具体间作什么作物，要依据核桃园条件、肥力等因素的不同，区别对待。一是在立地条件好、肥力高的地块，可以实行果粮间作。这时核桃树的栽培株行距比较大，可以间作高秆的玉米和高粱，也可以间作矮秆的小麦、豆类、花生、棉花、薯类和瓜菜等。我国的河南、河北、山西、云南和西藏等地均有此种模式。二是对立地条件比较好的老核桃园或密植核桃园，园内树冠接近郁闭的，树冠下面和行间隐蔽少光，不适宜间种作物。但可以培养食用菌来增加收入。三是利用荒山、滩地营建起来，立地条件差，肥力较低，核桃树生长势不旺的核桃园，间作绿肥或豆类作物，以增加土壤有机质改善土壤结构，提高肥力。

## （五）水土保持

山地或丘陵地的核桃园，由于地面有一定坡度，容易发生水土流失，尤其在大暴雨过后，会冲走大量沃土和有机质，使土层变薄，肥力下降，严重时可使核桃根系外露，树势衰弱，产量下降。为此，必须采取有效的水土保持措施。具体的水土保持措施，主要有修梯田、鱼鳞坑等，各地可因地制宜进行。

整修梯田：梯田是山地或丘陵地的核桃园最好的水土保持工程。梯田的田面和田埂，应经常整修。田内应有排水沟，以防雨水冲破田埂。为了保水蓄水，沟内每隔一定距离要做一小坝，雨水少时可全部留于沟内，雨多时可溢出小坝，顺沟缓流，排出沟外。为保证田埂和梯田壁不被冲毁，可用石头或草皮垒砌。此外，亦可在田埂上种植紫穗槐或沙打旺等绿肥作物。这样，既能减少地表径流，蓄水保土，又能增加肥源。

修鱼鳞坑：在坡度较陡，不适宜修筑梯田的山坡上，可按等高线，以核桃树株距为间隔距离，定出栽植点，并以此点为中心，修成外高内低的半月形土坑，拦蓄水土，坑内栽树。随着核桃树体根系的生长，以逐年向外扩大鱼鳞坑为好。

### （六）种植绿肥与行间生草

幼龄核桃园可进行间作。但间作物必须为矮秆、浅根、生育期短、需肥水较少且主要需肥水期与核桃植株生长发育的关键时期错开，不与核桃共有危险性病虫害或互为中间寄主。最适宜的间作物为绿肥，常用的绿肥作物有沙打旺、苜蓿、草木樨、杂豆类等，生长季将间作物刈割覆于树盘，或进行翻压。

成龄核桃园可以采用生草制，即在行间、株间种草，树盘清耕或覆草。所选草类以禾本科、豆科为宜，也可采取前期清耕，后期种植覆盖作物的方法。即在核桃需水、肥较多的生长季前期实行果园清耕，进入雨季种植绿肥作物，至其花期耕翻压入土中，使其迅速腐烂，增加土壤有机质。

# 二、施肥技术

施肥是保证核桃树体生长发育正常和达到高产稳产的重要措施。核桃树体每年要从土壤中吸收大量的养分，尤其是进入盛果期后，产量逐年增加，对养分的需求量也逐渐增多。若土壤供肥不足或不及时，树体营养物质的积累与消耗之间将失去平衡，从而影响树体生长，产量下降。施肥除可直接供给树体养分外，农家肥还可以改善土壤的团粒组成和土壤结构，有利于核桃幼树的发育，促进花芽分化，使幼树提早结果。

## （一）施肥的种类和时期

核桃树在一年的生长发育中，开花、坐果、果实发育、花芽分化均是核桃树需要营养的关键时期，要根据核桃的不同物候期进行合理施肥。施肥方式有基肥、追肥和叶面喷肥三种。

**1. 基肥**　基肥以腐熟的迟效性有机肥料为主，如腐殖酸类肥料、堆肥、厩肥、圈肥、粪肥、绿肥、作物秸秆、杂草、枝叶等，又称底肥。它能够在较长时间内持续供给核桃生长发育所需要的多种养分，而且能增加土壤孔隙度，改善土壤的水、肥、气、热状况，有利于微生物活动。据试验表明，对25～30 年生核桃，若按每株需纯氮 1.5～1.8kg 计，那么，厩肥的施用量每株应为：幼树不少于 25～50kg，初果期树 50～100kg，盛果期树 200～250kg，更大的树不应少于 400kg。至于基肥的种类，从应用效果看，以厩肥效果最好，在大面积栽植核桃和厩肥肥源不足的情况下，可以采用种绿肥代替厩肥的方法。如草木犀、沙打旺、毛叶苕子、紫穗槐等都是很好的绿肥作物。种植绿肥后，在有灌水条件地方，可在树盘下直接翻压；如果土壤瘠薄，水分条件差，则可在刈割后经高温堆沤再施入土中。

基肥可以秋施，也可以春施，但一般以秋施为好。秋季核桃果实采收前后，树体内的养分被大量消耗，并且根系处于生长高峰，花芽分化也处于高峰时期，急须补充大量的养分。同时，此时根系旺盛生长有利于吸收大量的养分，光合作用旺盛，树体贮存营养水平提高，有利于枝芽充实健壮，增加抗寒力。所以，秋施基肥宜早为好，过晚不能及时补充树体所需养分，影响花芽分化质量。一般核桃基肥在采收前后（9 月份）

施入为最佳时间。施肥以有机肥为主，可加入部分速效性氮肥或磷肥。施基肥可采用放射状施肥、环状施肥、穴状施肥或条状沟施肥等方法（图6-1），但以开沟50cm左右深施，或结合秋季深翻改土施入最好。施肥时一定要注意全园普施、深施，然后灌足水分。

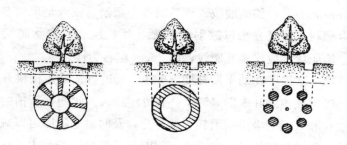

图6-1　依次为放射状施肥、环状施肥、穴状施肥

**2. 追肥**　追肥是对基肥的一种补充，主要是在树体生长期中施入，以速效性肥料为主，如硫酸铵、氮素、碳酸氢铵及复合肥等。其主要作用是满足某一生长阶段核桃树体对养分的大量需求。追肥的次数和时间与气候、土壤、树龄、树势诸多因素均有关系。高温多雨地区，砂质壤土、肥料容易流失，追肥宜少量多次；树龄幼小、树势较弱的树，也宜少量多次性追肥。追肥应满足树体的养分需要。因此，施肥与树体的物候期也紧密相关。萌芽期新梢生长点较多，花器官中次之；开花期，树体养分先满足花器官需要；坐果期，先满足果实养分需要，新梢生长点次之。一年中，开花、坐果期是需肥的关键时，幼龄核桃树以每年追肥2～3次，成年核桃树追肥3～4次为宜。

第一次追肥是在核桃开花前或展叶初期进行，以速效氮为主。主要作用是促进开花坐果和新梢生长，追肥量应占全年追肥量的 50%。根据核桃品种及土壤状况不同进行追肥，早实核桃一般在雌花开放以前，晚实核桃在展叶初期（4 月上中旬）施入。此期，是决定核桃开花坐果、新梢生长量的关键时期，要及时追肥以促进开花坐果，增大枝叶生长量，肥料以速效性氮肥为主，如硝酸铵、磷酸氢铵、尿素，或者是果树专用复合肥料。施肥方法以放射状施肥、环状施肥、穴状施肥均可，施肥深度应比施基肥浅，以 20cm 左右为佳。

第二次追肥在幼果发育期（6 月份）进行。早实核桃开花后，晚实核桃展叶末期（5 月中下旬）施入。此期，新梢的旺盛生长和大量的坐果需消耗大量养分，及时追施氮肥可以减少落果，促进果实的发育和膨大，同时促进新梢生长和木质化形成。另外，核桃树在硬核期的前 1～2 周内，也正是雌花芽分化的基础阶段，适时适量增施速效性肥料，能够提高氮素的营养水平，增加树体碳水化合物的积累，有利于花芽的分化。肥料以速效性氮肥为主，增施适量的磷肥（过磷酸钙、磷矿粉等）、钾肥（硫酸钾、氯化钾、草木灰等），追肥量占全年追肥量的 30%。施肥方法与第一次追肥方法相同。

第三次追肥在坚果硬核期（7 月份）进行，以氮、磷、钾复合肥为主。此期，核桃树体主要进入生殖生长旺盛期，核仁开始发育，同时花芽进入迅速分化期，需要大量的氮、磷、钾、肥。肥料施入以磷肥和钾肥为主，适量施氮肥，此期追肥量占全年追肥量的 20%。如果以有机肥进行追肥，要比速效性肥料提前 20～30 天施入，以鸡粪、猪粪、牛粪等为主，施用后的效果会更好。追施方法同第一次追肥。

第四次追肥在果实采收后进行。采果后，由于果实的发育消耗了树体内大量的养分，花芽继续分化也需要大量的养分。及时补充土壤养分，可以恢复树势，增加树体养分贮备，提高树体抗逆性，为翌年的生长结果打下良好的基础。

**3. 叶面喷肥**　又称根外追肥，是土壤施肥的一种辅助性措施，是将一定浓度的肥料溶液用喷雾工具直接喷洒到果树、叶上，从而提高果实质量和数量的施肥方法。

叶面喷肥利用了果树上部包括茎、叶、果皮等器官能直接吸收养分的特性，具有直接性和速效性等优点。一般根外施肥 15min 到 2h 左右便可以吸收，特别是在遇到自然灾害或突发性缺素症时，或者为了补充极易被土壤固定的元素，通过根外施肥可以及时挽回损失。因此，根外追肥成本低，操作简单，肥料利用率高，效果好，是一种经济有效的施肥方式。

根外追肥的肥料种类、浓度、喷肥时间主要依土壤状况、树体营养水平具体而定。常用的原则：生长期前期浓度可适当低些，后期浓度可高些，在缺水少肥地区次数可多些。一般根外施肥宜在上午 8~10 时或下午 16 时以后进行，阴雨或大风天气不宜进行，如遇喷肥 15min 之后下雨，可在天气变晴以后补施一遍最好。

喷肥一般可喷 0.3%~0.5% 尿素、过磷酸钙、磷酸钾、硫酸铜、硫酸亚铁、硼砂等肥料，以补充氮、磷、钾等大量元素和其他微量元素。花期喷硼可以提高坐果率。5~6 月份喷硫酸亚铁可以使树体叶片肥厚，增加光合作用；7~8 月喷硫酸钾可以有效地提高核仁品质。

## （二）施肥方法

目前，我国核桃树主要是土壤施肥，根外追肥较少采用。

土壤施肥尤其是施基肥可与土壤深翻结合起来，施肥方法有以下几种：

**1. 放射沟施肥** 5 年生以上的幼树比较常用。具体做法：从树冠边缘的不同方位开始，向树干方向挖 4～8 条放射状的施肥沟，沟的长短视树冠的大小而定，通常沟长为 1～2m，沟宽为 40～50cm，深度依施肥种类及数量而定，施基肥沟深为 30～40cm，追肥为 10～20cm。不同年份的基肥沟的位置要变动错开，并随树冠的不断扩大而逐渐外移。

**2. 环状沟施肥** 常用于 4 年生以下的幼树，具体做法：在树干周围，沿着树冠的外缘，挖一条深 30～40cm，宽 40～50cm 的环状施肥沟，将肥料均匀施入埋好。基肥可埋深些，追肥可浅些（磷肥深些、氮肥浅些）。施肥沟的位置应随树冠的扩大逐年向外扩展。此法也可用于大树施基肥。

**3. 穴状沟施肥** 多用于施追肥。具体做法：以树干为中心，从树冠半径的 1/2 处开始，挖成分布均匀的若干小穴，将肥料施入穴中埋好即可。亦可在树冠边缘至树冠半径 1/2 处的施肥圈内，在各个方位挖成若干不规则的施肥小穴，施入肥料后埋土。

**4. 条状沟施肥** 适用于幼树或成年树。具体做法：于行间或株间，分别在树冠相对的两侧，沿树冠投影边缘挖成相对平行的两条沟，从树冠外缘向内挖，沟宽 40～50cm，长度视树冠大小而定，幼树一般为 1～3m。深度视肥料数量而定。第二年的挖沟位置应换到另外相对的两侧。

**5. 全园撒施** 是过去大树施肥常用的方法。做法：先将肥料均匀地撒入全园，然后浅翻。此法简便易行，但缺点是施肥过浅，经常撒施会把细根引向土壤表层。

上述几种土壤施肥的方法，无论采用哪一种，施肥后均应立即灌水，以增加肥效。若无灌溉条件，也应做好保水措施。

**6. 叶面喷肥**　叶面喷肥是一种经济有效的施肥方式，其原理是通过叶片气孔和细胞间隙使养分直接进入树体内。叶面施肥能避免土壤对养分的固定作用和影响，具有用肥量少，见效快，利用率高，可与多种农药混合喷施等优点，对缺水少肥地区尤为实用。叶面施肥的种类和浓度：尿素 0.3％～0.5％、过磷酸钙 0.5％～1％、硫酸钾 0.2％～0.3％（或 1％的草木灰浸出液）、硼酸 0.1％～0.2％、钼酸铵 0.5％～0.8％、硫酸铜 0.3％～0.5％。总的原则是生长前期应稀些，后期可浓些。叶面喷肥时期可分别在花期、新梢速长期、花芽分化期及采收后进行，特别在花期喷硼或硼加尿素，能明显提高坐果率。喷肥宜在上午 10 时以前和下午 15 时以后进行，阴雨或大风天气不宜喷肥。注意叶面喷肥不能代替土壤施肥，二者结合才能取得良好效果。实际应用时，尤其在混用农药时，应先做大规模试验，以避免发生药害造成损失。

## （三）施肥量

确定施肥量的主要依据是土壤肥力水平、核桃生长状况及不同时期核桃对养分的需求变化等。一般来说，幼树吸收氮量较多，对磷和钾的需求量偏少。随着树龄的增长，特别是进入结果期以后，对磷、钾肥的需求量相应增加。所以，幼树应以施氮肥为主，成年树则应在施氮肥的同时，注意增施磷、钾肥。幼树的具体施肥量可参照如下标准：晚实核桃类，若以中等土壤肥力水平，并按树冠垂直投影面积（或冠幅面积）每平方米计算，在结果前的 1～5 年间，年施肥量（有效成分）为氮肥 50g，磷、钾肥各 10g。进入结果期以后的第六至十年内，年施氮肥 50g、磷肥 20g、钾肥 20g，并增施农家肥 5kg。早实核桃一般从两年开始结果，为确保营养生长与产量的同步增长，施肥量应高于晚实核桃。根据近年来各地核桃密植丰产园的施肥经验，初步提出 1～10 年生树每平方米冠幅面积年施肥量：氮肥 50g、磷肥 20g、钾肥 20g、农家肥 5kg。成年树的施肥量可根据具体情况，并参照幼年树的施肥量来决定，注意适当增加磷、钾肥的用量。

## （四）微肥施用

当土壤中缺乏某种微量元素或土壤中的某种微量元素无法被植物吸收利用时，树体会表现相应缺素症，这时应及时加以补充。核桃树常见的缺素症和防治方法如下：

**1. 缺锌症**　俗称小叶病。表现为叶小且黄，严重缺锌时全树叶子小而卷曲，枝条顶端枯死。有的早春表现正常，夏季则部分叶子开始出现缺锌症状。防治方法：可在叶片长到最终大小的 3/4 时喷施浓度为 0.3%～0.5%硫酸锌，隔 15～20 天再喷一次，共喷 2～3 次，其效果可持续几年。也可于深秋依据树体大小，将定量硫酸锌施于距树干 70～100cm 处，深15～20cm 的沟内。

**2. 缺硼症**　主要表现为枝梢干枯，小叶叶脉间出现棕色小点，小叶易变形，幼果易脱落。防治方法：可于冬季结冻前，土壤施用硼砂 1.5～3kg，或喷布 0.1%～0.2%硼酸溶液。应注意的是，硼过量也会出现中毒现象，其树体表现与缺硼相似，因生产中要注意区分。

**3. 缺锰症**　常与缺锰同时发生，主要表现为核仁萎缩，叶片黄化早落，小枝表皮出现黑色斑点，严重时枝条死亡。防治方法：可在春季叶后喷波尔多液，或距树干约 70cm 处开 20cm 深的沟施入硫酸铜。也可直接喷施 0.3%～0.5%硫酸铜溶液。

# 三、水分管理技术

## （一）灌水

一般年降水量为 600～800mm，且分布比较均匀的地区，基本上可以满足核桃生长发育对水分的需求。我国南方的绝大部分及长江流域的陕南、陇县地区，年降水量都在 800～1 000mm 以上，一般不需要灌水。北方地区年降水量多在 500mm 左右，且分布不均，常出现春夏干旱，需要灌水以补充降水的不足。具体灌水时间和次数应根据当地气候、土壤及水源条件而定。一般认为，当田间最大持水量低于 60%时，容易出现叶片萎蔫、果实空壳、产量下降等问题，应及时进行补水。按照核桃的生长发育规律，需水较多的几个时期如下：

**1. 春季萌芽前后** 3～4 月，树体需水较多，核桃进入芽萌动阶段且开始抽枝、展叶，此时的树体生理活动变化急剧而且迅速，一个月时间要完成萌芽、抽枝、展叶和开花等过程，需要大量的水分，而北方又往往春季旱，每年要灌透萌芽水。

**2. 开花萌芽前后** 5～6 月，雌花受精后，果实进入迅速生长期，其生长量占全年生长量的 80%以上。6 月下旬，雌花芽的分化已经开始。均需要大量的水分和养分，是全年需水的关键时期。干旱时，要灌透花后水。

**3. 花芽分化期** 7～8 月，此期核桃树体的生长发育比较缓慢，但是核仁的发育刚刚开始，并且急剧且迅速，同时花芽的分化也正处于高峰时期，均要求有足够的养分、水分供给树体。通常核桃正值北方的雨季，不需要进行灌水，如遇长期高温干旱的年份，需要灌足水分，以免此期缺水，给生产造成不必要的损失。

**4. 封冻水** 10月末至11月落叶前，树体需要进行调整，应结合秋施基肥灌足封冻水。一方面可以使土壤保持良好的墒情；另一方面此期灌水能加速秋施基肥快速分解，有利于树体吸收更多的养分并进行贮藏和积累，提高树体新枝的抗寒性，也为越冬后树体的生长发育贮备营养。

## （二）穴贮肥水

穴贮肥水多用于山地无灌溉条件的果园，是一项简单易行、投资少、效益高的节水抗旱技术，具有节肥、节水的特点。具体方法：早春在树冠外围均匀地挖 4 个直径 0.4m、深 0.35m 的小穴，埋入直径 0.3m、长 0.3m 的草把，四周用有机质与土混合后填实，并适量浇水，然后整理树盘，使营养穴低于地面 1～2cm，形成盘子状。每穴浇水 3～5kg 即可覆膜。将薄膜裁开拉平，盖在树盘上，一定要把营养穴盖在膜下，四周及中间用土压实。每穴覆盖地膜 1.5～2m²，地膜边缘用土压严，中央正对草把上端钻一小孔，用石块或土堵住，以便将来追肥浇水或承接雨水。一般在花后（5月上中旬）、新梢停止生长期（6月中旬）和采果后 3 个时期，每穴追肥 50～100g尿素或复合肥，将肥料放于草把顶端，随即浇水 3.5kg 左右。进入雨季，撤去地膜，使穴内贮存雨水。一般贮养穴可维持 2～3 年，草把应每年换一次，发现地膜损坏后及时更换。再

次设置贮养穴时改换位置，逐渐实现全园改良。

## （三）灌水量

最适宜的灌水量，应在一次灌溉中，使果树根系分布范围内的土壤湿度达到最有利于果树生长发育的程度。只浸润土壤表层或上层根系分布的土壤，不能达到灌溉目的，且由于多次补充灌溉，容易引起土壤板结，土温降低。因此，必须一次灌透。深厚的土壤，需一次浸润土层 1m 以上；浅薄的土壤，经过改良，亦应浸润 0.8～1m。

根据不同土壤的持水量、灌溉土壤湿度、土壤容重、要求土壤浸润的深度，计算出一定面积的灌水量，即：

灌水量＝灌溉面积×土壤浸润程度×土壤容重×（田间持水量－灌溉前土壤湿度），灌溉土壤湿度，每次灌水前均需测定，田间持水量、土壤容量、土壤浸润深度等项，可数年测定一次。

## （四）灌水方法

灌水方法是核桃园灌水的一个重要环节。下面介绍几种灌水方法。

**1. 沟灌** 在核桃园行间开灌溉沟，沟深 20～25cm，并与配水道相垂直，灌溉沟与配水道之间，有微小的比降。灌溉沟的数目，可因栽植密度和土壤类型而异，密植园每一行间开一条沟即可。稀植园如为黏重土壤，可在行间每隔 100～150cm 开沟；如为轻松土壤则每隔 75～100cm 开沟。灌溉完毕，将沟填平。

沟灌的优点：灌溉水经沟底和沟壁渗入土中，对全园土壤浸湿较均匀，水分蒸发量与流失量均较小，经济用水；防止土壤结构的破坏；土壤通气良好，有利于土壤微生物的活动；减少果园中平整土地的工作量；便于机械化耕作。因此，沟灌是地面灌溉的一种较合理的方法。

**2. 分区灌溉** 把核桃园划分成许多长方形或正方形的小区，纵横做成土埂，将各分开，通常每一棵树单独成为一个小区。此法缺点：易使土壤表面板结，破坏土壤结构，做许多纵横土埂，既费劳力，又妨碍机械化操作。

**3. 盘灌** 以核桃树干为中心，在树冠投影以内土埂围成圆盘，圆盘与灌溉沟相通。灌溉时水流入圆盘内，灌溉前疏松盘内土壤，使水容易渗透，灌溉后把松表土，或用草覆盖，以减少水分蒸发。此法用水较经济，但浸润土壤的范围较小，果树的根系比树冠大 1.5～2 倍，故距离树干较远的根系，不能等到水分的供应。同时仍有破坏土壤结构，使表土板结的缺点。

**4. 穴灌** 在核桃树冠投影的外缘挖穴，将水灌入穴中，以灌满为度。穴的数量依树冠大小而定，一般为 8～12 个，直径 30cm 左右，穴深以不伤粗根为准，灌后将土还原。干旱期穴灌，亦将穴覆草或覆膜长期保存而不盖土。此法用水经济，浸润根系范围的土壤较晚而均匀，不会引起土壤板结，在水源缺乏的地区，采用此法为宜。

**5. 喷灌** 喷灌基本不产生深层渗漏和地面径流，可节约用水 20% 以上，对渗漏性强，保水性差的砂土，可节省 60%～70% 的水。减少对土壤结构的破坏，可保持原有土壤的疏松状态。喷灌与地面灌溉相比，有以下优点：

（1）可调节果园的小气候，减免低温、高温、干风对果园

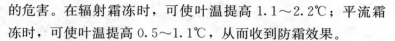

的危害。在辐射霜冻时，可使叶温提高 1.1～2.2℃；平流霜冻时，可使叶温提高 0.5～1.1℃，从而收到防霜效果。

（2）节省劳力，工作效率高，便于田间机械作业，为施用化肥、喷施农药和除草剂等创造条件。

（3）对平整土地要求不高，地形复杂山地亦可采用。

喷灌的缺点：可能加重某些果树感染真菌病害；在有风的情况下（风速在 3.5m/s 以上时），喷灌难做到灌水均匀，并增加水量损失。喷灌设备价格高，增加果园的投资。喷灌系统一般包括水源、动力、水泵、输水管道及喷头等部分。

**6. 滴灌**　滴灌是机械化与自动化结合的先进灌溉技术，是以水滴或细小水流缓慢地施于核桃根域的灌水方法。从滴灌的劳动生产率和经济用水的观点来看是很有前途的，滴灌的优点：

（1）节约用水。滴灌仅湿润作物根部附近的土层和表土，因此大大减少水分蒸发。

（2）节约劳力。滴灌系统可以全部自动化，将劳动力减少至最低限度。滴灌系统还适用于丘陵和山地。

（3）有利于果树生长结果。滴灌能经常地对根域土壤供水，均匀地维持土壤湿润，不过分潮湿和过分干燥。同时可保持根域土壤通气良好。如滴灌结合施肥，则更能不断供给根系养分，在盐碱地采用滴灌，还能稀释根层盐液。因此，滴灌可为果树创造最适宜的土壤水分、养分和通气条件，促进果树根系及枝、叶生长，从而提高果树产量并改进果实品质。促进果树根系及枝、叶生长，从而提高果树产量并改进果实品质。

滴灌的缺点：需要管材较多，投资较大；管道和滴头容易堵塞，严格要求良好的过滤设备；滴灌不能调节气候，不适于冻结期应用。

**7. 渗灌**　渗灌是借助于地下的管道系统使灌溉水在土壤毛细管作用下，自下而上湿润核桃根区的灌溉方法，也称作地下灌溉。

### (五) 排水

核桃树对地表积水的地下水位过高均较敏感，积水可影响土壤通透性，造成根部缺氧窒息，妨碍根系对水分和无机盐的正常吸收。如积水时间过长，叶片会萎蔫变黄，严重时根系死亡。此外，地下水位过高，会阻碍根系向下伸展。由于我国大部分核桃产区均属山区和丘陵区，自然排水良好，只有少数低洼地区和河流下游地区，常有积水和地下水位过高的情况，这些地区应注意修好行间排水沟或其他排水工程。目前，我国各地降低地下水位和排水的主要方法有如下几种：

**1. 修筑台田**　在低洼易积水地区，建园前修筑台田，台面宽 8～10m，高出地面 1～1.5m，台田之间留出深 1.2～1.5m，高 1.5～2m 的排水沟。

**2. 降低水位**　在地下水位较高的核桃园中，可挖深沟降低水位。根据核桃根系的生长深度，可挖深 2m 左右的排水沟，使地下水位降到地表 1.5m 以下。

**3. 排除地表积水**　在低洼易积水的地区，可在核桃园的周围挖排水沟，这样既可阻止园外水流入，又便于园内地表积水的排出，也可在园中挖成若干条排水沟进行排水。

**4. 机械排水**　当核桃园面积不大，积水量不多时，可利用排水机泵进行排水。

# 第七章

# 核桃整形修剪技术

整形修剪是核桃丰产栽培的一项重要措施，是以核桃生长发育规律、品种生物学特性为依据，与当地生态条件和其他综合农业技术协调配合的技术措施。整形修剪对幼树及初结果期树尤为重要，因为核桃在幼树阶段生长很快，如果任其自由发展，则不易形成良好的丰产树形结构，尤其是早实核桃，其分枝力强，结果早，易抽发一次枝，更容易造成树形紊乱，不利于正常生长与结果。因此，合理地进行整形修剪，使树冠具有良好的通风透光条件，对于保证幼树健康成长，促进早果丰产，维持营养生长与结果之间的良好平衡都具有重要意义，也为成年核桃树的丰产、稳产打下良好的基础。

## 一、整　形

所谓整形就是在树冠形成过程中通过适当的修剪措施，有目的地培养和调整核桃骨干枝，使冠内各类枝条的分布合理，保证冠内通风透光条件，从而形成一个有利于核桃生长和结果的丰产树形的过程。在稀植条件下，整形主要考虑个体的发展，使树体充分利用空间，达到树冠大，骨干枝结构合理，枝量多，层次分明，势力均衡。在密植时，则主要考虑群体的发展，注意调节群体叶幕结构和群体与个体间的矛盾，做到短枝多，长枝少，树冠应矮，叶幕应厚。核桃树为高大乔木，生长旺盛，生产上应依据不同品种特性，采用不同的树形，干性强，顶端优势明显，树姿直立的品种，多采用具有主干的疏散分层形；干性弱，顶端优势不明显，分枝多，树姿较开张的类型，多采用自然开心形。

## （一）定干

树干的高低与树高、栽培管理方式及间作等关系密切，应根据核桃的品种特点、栽培条件及方式等，因地因树而定。一般晚实核桃结果晚，树体高大，定干可适当高一些，如果株行距较大，可安排间作。为便于作业，干高可留 1.5～2m。如不安排间作，干高可留 1.2～1.5m。山地核桃园因土层薄，肥力差，定干低一些，多选留 1～1.2m。早实核桃由于结果早，树体较小，定干可矮一些。对于早期安排进行短期间作的核桃园，干高可留 0.8～1.2m，早期密植丰产园干高可留 0.3～1m。定干的方法亦因早、晚实核桃生长发育特点而异。正常情况下，晚实核桃生长 2 年时抽生的分枝数量很少，生长 3～4 年以后才开始抽出少量分枝，基部第一主枝距地面一般可达 2m 以上。达到定干高度时，可通过选留主枝的方法定干。具体操作方法：晚实核桃春季萌芽后，在定干高度的上方选取一个壮芽或健壮的枝条作为第一主枝，将该枝或芽以下的枝条、芽全部剪除或抹除。如果幼树生长势过旺，分枝位置过高，为控制树干高度，可在要求树干高度的适当部位进行短截，促进剪口芽萌发，并留作第一主枝。对分枝力强的品种，分枝数量多，可采用短截的方法及时定干。而早实核桃生长 2 年时，幼树已经部分开始开花结实。其定干方法是可在早实核桃定植当年发芽后，抹除定干高度以下部位的全部侧芽。如幼树未达定干高度，可在第二年进行定干。定干时选留主干枝的方法同晚实核桃。

## （二）培养树形

**1. 疏散分层形**　树体结构和苹果树的疏散分层形相似。主要特点表现为有明显的中心干，园片栽植园干高 1.2～1.5m，间作园干高 1.5～2.0m。中心干上着生 5～7 个主枝，分为 2～3 层，第一层 3 个主枝，第二层 2 个，第三层 1～2 个。但与苹果树的疏散分层形又有所不同，表现：第一，干较高。在土层厚而肥沃的耕地，干高为 1.2～1.5m，土层薄、质地差的山坡地为 1～1.2m。第二，主、侧枝之间距离较大。第一层三主枝着生在 40～60cm 内；第二层两主枝距第一层 1.5～2m，层内距 60cm 左右；第三层距第二层 1m 左右。各层主枝上的侧枝也要拉大距离。该树形适于稀植大冠晚实型品种和果粮间作栽培方式。成形后具有枝条多，结果面积大，通风透光好，树体寿命长，产量高等优点。但结果稍晚，前期产量较低。这种树形结构适于在土层较厚的山脚梯田、沟平地并管理条件较好的地方采用。

整形过程：

（1）主枝选留　在 2～3 年生树定干后，要及时选留主枝。第一层主枝一般为 3 个，它们是全树结果的主体。这 3 个主枝要选留在 3 个不同方位（水平夹角约 120°）生长健壮，枝基角不小于 60°，腰角 70°～80°，梢角 60°～70°，层内两主枝间的距离不小于 20cm，避免轮生，以防主枝长粗后对中心干形成"卡脖"现象。有的树生长势差，发枝少，可分两年培养。当晚实核桃 5~6 年生，早实核桃 4~5 年生已出现壮枝时，开始选留第二层主枝，与第一层主枝错位选留 1~2 个，避免重叠。晚实和早实核桃 7~8 年生时，选留第三层主枝 1~2 个。各层间距，晚实核桃 2m 左右；早实核桃 1.5m 左右。主枝留好后，从最上主枝的上方落头开心，各层主枝上下错开，插空选留，互不重叠。

第一步：定干当年或第二年，在中央领导干定干高度以上，选留 3 个不同方位（水平夹角约 120°），生长健壮的枝，培养为第一层主枝，层内距离不少于 20cm。一年一次完成或分 2 年选定均可。但要注意，如果选留的最上一个主枝距主干延长枝顶部过近或第一层主枝的层内距过小，都容易削弱中央领导干的生长，甚至于出现"掐脖"现象，影响主干的形成。当第一层预选为主枝的枝或芽确定后。除保留中央领导干延长枝的顶枝或芽以外，其余枝、芽全部剪除或抹掉。

（2）侧枝选留　选留第二层侧枝的同时，在第一层主枝的合适位置选留 2~3 个侧枝。第一个侧枝距主枝基部的距离为晚实核桃 60~80cm，早实核桃 40~50cm。晚实核桃 6~7 年生，早实核桃 5~6 年生时，继续培养第一层主、侧枝和选留第二层主枝上的 1~2 个侧枝。各级侧枝应交错排列，充分利用空间，避免侧枝并生拥挤。侧枝与主枝的水平夹角以 45°~50°为宜，侧枝着生位置以背斜侧为好，切忌留背后枝。

主侧枝是树体的骨架，整形过程中要保证骨架牢固，协调主从关系。定植 4~5 年后树形结构已初步固定（图 7-1），但树冠的骨架还未形成，每年应剪截各级枝的延长枝，促使分枝。8 年后主、侧枝已初选出，整形工作大体完成。在此之前，要调节均衡各级骨干枝的生长势，过强的应加大基角，或疏除过旺侧枝，特别是控制竞争枝。干较弱时可在中心干上多留辅养枝，生长势弱的骨干枝可抬起角度，通过调整使树体各级主、侧枝长势均衡。

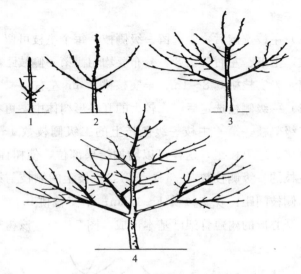

图 7-1　疏散分层形整形过程

1. 定干　2. 第一年　3. 第二年　4. 第三年

**2. 自然开心形**　无中心干，干高因品种和栽培管理条件而异。在肥沃的土壤条件下，干性较强或直立型品种，干高 0.8～1.2m，早期密植丰产园干高 0.4～1.0m。有 3～5 个主枝轮生于主干上，不分层，各主枝间的垂直距离为 20～40cm。该树形具有成形快、结果早、整形简便等特点，适合于树冠开张、干性较弱和密植栽培的早实型品种及土层较薄、肥水条件较差地区的晚实型品种。

整形过程：

（1）晚实核桃 3～4 年生、早实核桃 3 年生时，在定干高度以上按不同方位留出 2～4 个枝条或已萌发的壮芽作主枝。各主枝基部的垂直距离一般 20～40cm，主枝可一次或两次选留，各相邻主枝间的水平距离（或夹角）应一致或相近，且生长势要一致。

（2）主枝选定后，要选留一级侧枝。每个主枝可留 3 个左右侧枝，上下、左右要错开，分布要均匀。第一侧枝距离主干的距离：晚实核桃 0.8～1m，早实核桃 0.6m 左右。

（3）一级侧枝选定后，在较大的开心形树体中，可在其上选留二级侧枝。第一主枝一级侧枝上的二级侧枝数 1～2 个，其上再培养结果枝组，这样可以增加结果部位，使树体丰满；第二主枝的一级侧枝数 2～3 个。第二主枝上的侧枝与第一主枝上的侧枝间距：晚实核桃 1～1.5m；早实核桃 0.8m 左右。至此，开心形的树冠骨架已基本形成（图 7-2）。该树形要特

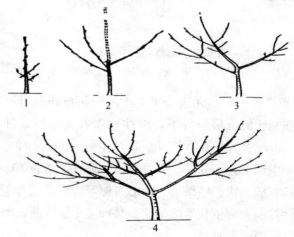

图 7-2 自然开心形整形过程

1. 定干　2. 第一年　3. 第二年　4. 第三年

别注意调节各主枝间的平衡。

# 二、修剪时期

核桃在休眠期修剪有伤流，如果落叶后修剪，极易由伤口产生伤流，伤流过多，造成养分和水分流失，有碍正常生长结果。因此，核桃修剪时期与其他果树不同，冬季最好不修剪。据观察，伤流一般从落叶后 11 月中旬开始发生，伤流量逐渐增多，3 月下旬芽萌动以后伤流逐渐停止。所以，核桃树修剪的适宜时期为核桃采收后到开始落叶时，或春季萌芽展叶后进行。

# 三、主要修剪技术

## （一）短截

短截 是指剪去一年生枝条的一部分。生长季节将新梢顶端幼嫩部分摘除，称为摘心，也称之为生长季短截。在核桃幼树（尤其是晚实核桃）上，常用短截发育枝的方法增加枝量。短截的对象是从一级和二级侧枝上抽生的生长旺盛的发育枝，剪截长度为 1/4～1/2，短截后一般可萌发 3 个左右较长的枝条。在一二年生枝交界轮痕上留 5～10cm 剪截，类似苹果树修剪的"戴高帽"，可促使枝条基部潜伏芽萌发，一般在轮痕以上萌发 3～5 个新梢，轮痕以下可萌发 1～2 个新梢（图 7-3），桃树上中等长枝或弱枝不宜短截，否则易刺激下部发出细弱短枝，因髓心较大，组织不充实，影响树势。

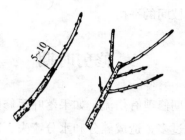

图 7 - 3　轮痕以上短截的反应（单位：cm）

## （二）疏枝

将枝条从基部疏除叫疏枝。疏除对象一般为雄花枝、病虫枝、干枯枝、无用的徒长枝、过密的交叉枝和重叠枝等。雄花枝过多，开花时要消耗大量营养，从而导致树体衰弱，修剪时应适当疏除，以节省营养。

## （三）缓放

即不剪，又叫长放。其作用是缓和枝条生长势，增加中短枝数量，积累营养，促进幼旺树结果。除背上直立旺枝不宜缓放外（可拉平后缓放），其余枝条缓放效果均较好。较粗壮且水平伸展的枝条长放，前后均易萌发长势近似的小枝（图 7-4）。这些小枝不短截，下一年生长一段，很易形成花芽。

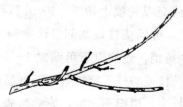

图 7 - 4　水平状枝缓放效果

### （四）回缩

对多年生枝剪截叫回缩或缩剪，这是核桃修剪中最常用的一种方法。回缩的作用因回缩的部位不同而异，一是复壮作用，二是抑制作用。生产中复壮作用的运用有两个方面：一是局部复壮，例如回缩更新结果枝组，多年生冗长下垂的缓放枝等；二是全树复壮，主要是衰老树回缩更新。

回缩时要在剪锯口下留一"辫子枝"。回缩的反应因剪锯口枝势、剪锯口大小等不同而异。对于细长下垂枝回缩至背上枝处可复壮该枝；对于大枝回缩，若剪锯口距枝条太近，对剪口下第一枝起削弱作用，而加强以下枝的长势。

### （五）开张角度

通过撑、拉、拽等方法加大枝条角度，缓和生长势，是幼树整形期间调节各主枝生长势的常用方法。

### （六）摘心和除萌

摘除当年生新梢顶端部分，可促进发生副梢，增加分枝，幼树主侧枝延长枝摘心，促生分枝加速整形过程。内膛直立枝摘心可促生平斜枝，缓和生长势早结果。

冬季修剪后，特别是疏除大枝后，常会刺激伤口下潜伏芽萌发，形成许多旺枝，故在生长季前期及时除去过多萌芽，有利于树体整形和节约养分，促进枝条健壮生长。幼树整形过程中，也常有无用枝萌发，在它初萌发时用手抹除为好，这样不易再萌发。

# 四、不同年龄时期的修剪技术

## （一）核桃幼树的整形修剪技术

**幼树整形** 应根据品种特点、栽培密度及管理水平等确定合适的树形，做到"因树修剪，随枝造形，有形不死，无形不乱"，切不可过分强调树形。

（1）定干 树干的高低与树高、栽培管理方式和间作等关系密切，应根据品种特点、土层厚度、肥力高低、间作模式等，因地因树而定，如晚实核桃结果晚，树体高大，主干可适当高些，干高可留 1～1.5m。山地核桃因土壤瘠薄，肥力差，干高以 1～1.2m 为宜。早实核桃结果早，树体较小，主干可矮些，干高可留 0.8～1.2m。立地条件好的定干可高一些，密植时干可低一些，早期密植丰产园干高可定 0.8～1m。果材兼用型品种，为提高干材的利用率，干高可达 3m 以上。

①早实核桃定干 在定植当年发芽后，抹除要求干高以下部位的全部侧芽。如幼树生长未达定干高度，可于翌年定干。如果顶芽坏死，可选留靠近顶芽的健壮芽，促其向上生长，待到一定高度后再定干。定干时选留主枝的方法与晚实核桃相同。

②晚实核桃定干 春季萌芽后，在定干高度的上方选留 1 个壮芽或健壮的枝条作为第一主枝，并将以下枝、芽全部剪除。如果幼树生长过旺，分枝时间推迟，为控制干高，可在要求干高的上方适当部位进行短截，促使剪口芽萌发，然后选留第一主枝。

（2）培养树形 主要有疏散分层形和自然开心形两种。

（3）幼树修剪 核桃幼树修剪是在整形的基础上，继续选留和培养结果枝和结果枝组，应及时剪除一些无用枝，是培养和维持丰产树形的重要技术措施。许多晚实类的核桃新梢顶芽肥大，优势很强，萌生侧枝及短枝力弱，可在新梢长 60～80cm 时摘心，促发 2～3 个侧枝，这样可加强幼树整形效果，提早成形。核桃幼树的修剪方法，因各品种生长发育特点的不同而异，其具体方法有以下几种：

①控制二次枝　早实核桃在幼龄阶段抽生二次枝是普遍现象。由于二次枝抽生晚，生长旺，组织不充实，必须进行控制，具体方法：1）若二次枝生长过旺，可在枝条未木质化之前，从基部剪除；2）凡在一个结果枝上抽生 3 个以上的二次枝，可于早期选留 1～2 个健壮枝，其余全部疏除；3）在夏季，对选留的二次枝，如生长过旺，要进行摘心，控制其向外伸展；4）如一个结果枝只抽生 1 个二次枝，生长势较强，于春季或夏季将其短截，以促发分枝，培养结果枝组。短截强度以中、轻度为宜。

②利用徒长枝　早实核桃由于结果早、果枝率高、花果量大、养分消耗过多，常造成新枝不能形成混合芽或营养芽，以至于第二年无法抽发新枝，而其基部的潜伏芽会萌发成徒长枝。这种徒长枝第二年就能抽生 5～10 个结果枝，最多可达30 个。这些果枝由顶部向基部生长势渐弱，枝条变短，最短的几乎看不到枝条，只能看到雌花。第三年中下部的小枝多干枯脱落，出现光秃带，结果部位向枝顶推移，易造成枝条下垂。必须采取夏季摘心法或短截法，促使徒长枝的中下部果枝生长健壮，达到充分利用粗壮徒长枝培养健壮结果枝的目的。

③处理好旺盛营养枝　对生长旺盛的长枝，以长放或轻剪为宜。修剪越轻，总发枝量、果枝量和坐果数就越多，二次枝

数量就越少。

④疏除过密枝和处理好背下枝 早实核桃枝量大，易造成树冠内膛枝多、密度过大，不利于通风透光。对此，应按照去弱留强的原则，及时疏除过密的枝条。具体方法：从枝条基部剪除，切不可留桩，以利伤口愈合。背下枝多着生在母枝先端背下，春季萌发早，生长旺盛，竞争力强，容易使原枝头变弱，而形成"倒拉"现象，甚至造成原枝头枯死。处理方法：在萌芽后或枝条伸长初期剪除。如果原母枝变弱或分枝角度过小，可利用背下枝或斜上枝代替原枝头，将原枝头剪除或培养成结果枝组。如果背下枝生长势中等，并已形成混合芽，则可保留其结果。如果背下枝生长健壮，结果后可在适当分枝处回缩，培养成小型结果枝。

## （二）核桃成年树的修剪技术

成年的核桃树，树形已基本形成，产量逐渐增加。进入此期核桃树的主要修剪任务：继续培养主、侧枝，充分利用辅养枝早期结果，积极培养结果枝组，尽量扩大结果部位。其修剪原则：去强留弱，先放后缩，放缩结合，防止结果部位外移。结果盛期以后，由于结果量大，容易造成树体营养分配失衡，形成大小年，甚至有的树由于结果太多，致使一些枝条枯死或树势衰弱，严重影响了核桃树的经济寿命。成年树修剪要根据具体品种、栽培方式和树体本身的生长发育情况灵活运用，做到因树修剪。

**1. 结果初期树的修剪** 此期树体结构初步形成，应保持树势平衡，疏除改造直立向上的徒长枝，疏除外围的密集枝及节间长的无效枝，保留充足的有效枝量（粗、短、壮），控制强枝向缓势发展（夏季拿、拉、换头），充分利用一切可利用的结果枝（包括下垂枝），达到早结果、早丰产的目的。

（1）辅养枝修剪 对已影响主、侧枝的辅养枝，可以回缩或逐渐疏除，给主、侧枝让路。

（2）徒长枝修剪 可采用留、疏、改相结合的方法进行修剪。早实核桃应当在结果母枝或结果枝组明显衰弱或出现枯枝时，通过回缩使其萌发徒长枝。对萌发的徒长枝可根据空间选留，再经轻度短截，从而形成结果枝组。

（3）二次枝修剪 可用摘心和短截方法，将二次枝培养成结果枝组。对过密的二次枝则去弱留强。同时，应注意疏除干枯枝、病虫枝、过密枝、重叠枝和细弱枝。早实核桃重点是防止结果部位迅速外移，对树冠外围生长旺盛的二次枝进行短截或疏除。

**2. 盛果期树的修剪** 盛果期的大核桃树，树冠大部分接近郁闭或已郁闭，外围枝量逐渐增多，且大部分成为结果枝，并由于光照不足，部分小枝干枯，主枝后部出现光秃带，结果部位外移，易出现隔年结果现象。因此，修剪的主要任务：调整营养生长和生殖生长的关系，不断改善树冠内的通风透光条件，不断更新结果枝，以达到高产稳产的目的。其修剪要点是：疏病枝，透阳光，缩外围，促内膛，抬角度，节营养，养枝组，增产量。特别是要做好抬、留的科学运用，绝对不能一次处理下垂枝，要本着三抬一、五抬二的手法（下垂枝连续3年生的可疏去1年生枝，5年生枝缩至2年生处，留向上枝）。具体修剪方法：

（1）骨干枝和外围枝的修剪 晚实核桃，随着结果量的增多，特别是丰产年份，大、中型骨干枝常出现下垂现象，外围枝伸展过长，下垂得更严重。因此，对骨干枝和外围枝必须进行修剪。修剪的要点：及时回缩过弱的骨干枝。回缩部位可在有斜上生长的侧枝前部，按去弱留强的原则，疏除过密的外围枝，对可利用的外围枝，适当短截，以改善树冠的通风透光条件，促进保留枝芽的健壮生长。

（2）结果枝组的培养　加强结果枝组的培养，扩大结果部位，防止结果部位外移，是保证核桃树盛果期丰产稳产的重要技术措施，特别是晚实核桃。合理的结果枝组的配置表现为大、中、小配置适当，均匀地分布在各级主、侧枝上；在树冠内总体分布是里大外小，下多上少，使内部不空，外部不密，通风透光良好，枝组间距离为0.6～1m。培养结果枝组的方法有四种：

①先放后缩　即对1年生壮枝进行长放、拉枝，一般能抽生10多个果枝新梢，第二年进行回缩，培养成结果枝组。

②先截后放　在空间较大，培养大型结果枝组时，先对1年生壮枝中短截，第二年疏去前端的1～2个壮枝，其他枝长放，从而培养成结果枝组。也可在6月上旬进行新梢摘心，促使分枝，冬剪时再回缩，1年即可培养成结果枝组。

③辅养枝改造　对有空间的辅养枝，当辅养作用完成后，可通过回缩方法培养成大型枝组，一般采用先放后缩的办法，枝组的位置以背斜枝为好。背上只留小型枝组，不留背后枝组。枝组间距离控制在60～80cm。

④先缩后截　对于空间较小的辅养枝和多年生有分枝的徒长枝或发育枝，可采取先疏除前端旺枝、再短截后部枝条的方法培育成结果枝组。

（3）结果枝组的更新　由于枝组年龄过大，着生部位光照不良，过于密挤，结果过多，着生在骨干枝背后，枝组本身下垂，着生母枝衰弱等原因，均可使结果枝组生长势衰弱，不能分生足够的营养枝，结果能力明显降低，这种枝组需及时更新。枝组更新要从全树生长势的复壮和改善枝组的光照条件入手，并根据枝组不同情况，采取相应的修剪措施。枝组内的更新复壮，可采取回缩至强壮分枝或角度较小的分枝处，剪果枝、疏花果等技术措施。对于过度衰弱，回缩和短截仍不发枝的结果枝组，可从基部疏除，如果疏除后留有空间，可利用徒长枝培养新的结果枝组，如果疏除前附近有空间，也可先培养成新结果枝组，然后将原衰弱枝组逐年去除以新代老。

（4）辅养枝的利用与修剪　辅养枝是指着生于骨干枝上的临时性枝条。其修剪要点：①辅养枝与骨干枝不发生矛盾时，可保留不动；如果影响主、侧枝的生长，就应及时去除或回缩；②辅养枝生长过旺时，应去强留弱或回缩到弱分枝处；③对生长势中等，分枝良好，又有可利用空间者，可剪去枝头，将其改造成大、中型结果枝组。

（5）徒长枝的利用和修剪　核桃成年树，随着树龄和结果量的增加，外围枝生长势变弱或受病虫危害时容易形成徒长枝，早实核桃更易发生。其具体修剪方法如下：①如内膛枝条较多，结果枝组又生长正常，可从基部疏除徒长枝；②如内膛有空间，或其附近结果枝组已衰弱，可利用徒长枝培养成结果枝组，促使结果枝组及时更新；③盛果末期，树势开始衰弱产量下降，枯死枝增多，更应注意对徒长枝的选留与培养。

（6）背下枝的处理　晚实核桃树背下枝强旺和夺头现象比较普遍。背下枝多由枝头的第2到第4个背下芽发育而成，生长势很强，若不及时处理，极易造成枝头"倒拉"现象，必须进行修剪。其具体修剪方法：对于生长势中等，并已形成混合芽，可保留结果。对于生长健壮，待结果后，可在适当分枝处回缩，培养成小型结果枝组。如果已产生"倒拉"现象，原枝头开张角度又较小，可将原头枝剪除，让背下枝取而代之。对无用的背下枝则要及时剪除。

### （三）核桃衰老期树的修剪

核桃树寿命长，在良好的环境和栽培管理条件下，生长结果达百年乃至数百年。但在粗放管理情况下，早实核桃 40～60 年、晚实核桃 80～100 年以后进入衰老期。对于衰老期的核桃树，应有计划地更新复壮。更新的方式有两种，即全园更新和局部更新。

**1. 主干更新**　是将主枝全部锯掉，使其重新发枝并形成新主枝的。主干更新应根据树势和管理水平慎重采用。

**2. 主枝更新**　在主枝的适当部位进行回缩，使其形成新的侧枝，逐渐培养成主枝、侧枝和结果枝。

**3. 侧枝更新**　将一级侧枝在适当的部位进行回缩，使其形成新的二级侧枝。侧枝更新具有更新幅度小、更新后树冠和产量恢复快等特点。

不论采用哪种更新方法，都必须在更新前后加强肥水管理和病虫防治。只有这样才能增强树势，加速树冠、树势和产量的恢复，达到更新复壮的目的。

# 五、核桃放任大树的改造修剪

核桃实生多年放任生长树大部分表现：大枝过多，层次不清，枝条紊乱，从属关系不明，主枝多轮生、叠生、并生，第一层主枝常有4～7个。盛果期树中心干弱，由于主枝延伸过长，先端密挤，基部秃裸，造成树冠郁闭，通风透光不良，内膛枝细弱，逐渐干枯死亡，导致内膛空虚，结果部位外移，结果枝细弱，连续结果能力降低，落花落果严重，坐果率一般只有20%～30%，产量很低。衰老树外围枯梢，结果能力很低，甚至形不成花芽，从大枝中下部萌生大量徒长枝形成自然更新，重新构成树冠，连续几年无产量或产量很低。

放任生长树的改造修剪应多种多样，但应本着因树修剪，随枝做形的原则。根据具体情况区别对待。中心干明显的树改造为主干疏层形，中心领导干很弱或无中心干的树改造为自然开心形。

**1. 落实去顶**　将最长而徒长的头顶去掉，控制树高，防止疯长。

**2. 大枝的选留**　大枝过多的是放任生长树的主要矛盾，应该首先解决好。修剪前要对树体进行仔细观察，全面分析，通盘考虑，重点疏除密挤的重叠枝、并生枝、交叉枝和病虫危害枝。三大主枝疏散分层形树留5～7个主枝，主要是第一层要选留好，一般可考虑3个或4个。

**3. 中型枝的处理**　中型枝是指着生在中心领导枝和主枝上的多年生枝。在大枝除掉后，虽然总体上大大改善了通风透光条件，为复壮树势充实内膛创造了条件，但在局部仍显密挤，所以对中型枝也要及时处理，选留一定数量的侧枝。

**4. 外围枝的调整**　大中型枝处理后基本上解决了枝量过多的问题，但外围枝是冗长细弱，有些下垂枝，必须适当回缩，抬高角度，增强长势。

**5. 结果枝组的调整** 当树体营养得到调整，通风透光条件得到改善后，结果枝组有复壮的机会，这时对结果枝组进行调整，其原则是根据树体结构、空间大小、枝组类型（大、中、小型）、与枝组的生长势来确定。对于枝组过多密挤的树，要选留生长健壮的枝组，疏除衰弱的枝组。对有空间的枝组可适当回缩、抬高角度，用壮枝带头，继续发展。

**6. 内膛枝组的培养利用** 内膛徒长枝进行改造，改造修剪后的大树内膛结果率可达35%左右。培养结果枝组的方法：一是先放后缩，即对中庸徒长枝，先短截，促进分枝；二是对分枝适当处理，促其成花结果。

# 六、其他管理技术措施

## （一）幼树防寒

核桃幼树枝条髓心大，含水量较高，抗寒性差，在北方比较寒冷干旱的地区，越冬后新梢表皮皱缩干枯，俗称"抽条"，影响幼树树冠的形成。因此，在定植后的1～2年内，需进行幼树防寒工作。具体做法有3种：

**1. 埋土防寒** 在冬季土壤封冻前，把幼树轻轻弯倒，使其顶端接触地面，然后用土埋好，埋土厚度视当地的气候条件而定，一般为20～40cm。待第二年春季土壤解冻后，及时撤土，把幼树扶直。此法虽费工，但效果良好。据北京市林果研究所3年试验证明，此法可有效地阻止抽条的发生。

**2. 培土防寒** 对粗矮的幼树，如不易弯倒，可在树干周围培土，最好将当年枝条培严。幼树较高时不宜用此法。

**3. 涂白防寒** 幼树涂白，可缓和枝干阴阳面的温差，防

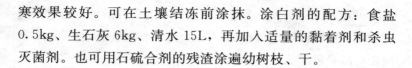

寒效果较好。可在土壤结冻前涂抹。涂白剂的配方：食盐0.5kg、生石灰6kg、清水15L，再加入适量的黏着剂和杀虫灭菌剂。也可用石硫合剂的残渣涂遍幼树枝、干。

### （二）保花保果技术

**1. 人工辅助授粉**　核桃存在雌雄异熟现象，某些品种同一株树上，雌雄花期可相距20多天。花期不遇常造成授粉不良，严重影响坐果率和产量，分散栽种的核桃树更是如此。此外，由于受不良气象因素，如低温、降雨、大风、霜冻等的影响，雄花的散粉也会受到阻碍。在这些情况下，人工辅助授粉可显著提高坐果率。即使在正常气候条件下，人工辅助授粉也能提高坐果率5.1%～31%。人工辅助授粉步骤如下：

（1）采集花粉　从当地或其他地方生长健壮的成年树上采集将要散粉（花序由绿变黄）或刚刚散粉的雄花序，放在干燥的室内或无阳光直射的地方晾干，在温度20～25℃条件下，经1～2天即可散粉，然后将花粉收集在指形管或小青霉素瓶中，盖严，置于2～5℃的低温条件下备用。花粉生命力在常温下，可保持5天左右，在3℃的冰箱中可保持20天以上。注意瓶装花粉应适当通气，以防发霉。为适应大面积授粉的需要，可将原粉加以稀释，一般按1∶10加入淀粉即可，稀释后的花粉同样可收到良好的授粉效果。

（2）选择授粉适期　当雌花柱头开裂并呈倒"八"字形，柱头羽状突起，分泌大量黏液，并具有一定光泽时，为雌花接受花粉的最佳时期。此时一般正值雌花盛期，时间为2～3天。雄先型植株的此期只有1～2天。因此，要抓紧时间授粉，以免错过最适授粉期。有时因天气状况不良，同一株树上雌花期早晚可相差 7～15 天，为提高坐果率，有条件的地方可进行两次授粉。实践证明，在雌花开花不整齐时，两次授粉可比一次授粉提高坐果率 8.8％左右。

（3）授粉方法　对树体较矮小的早实核桃幼树，可用授粉器授粉，也可用"医用喉头喷粉器"代替，将花粉装入喷粉器的玻璃瓶中，在树冠中上部喷布即可，注意喷头要在柱头 30cm 以上。此法授粉速度快，但花粉用量大。也可用新毛笔蘸少量花粉，轻轻点弹在柱头上，注意不要直接往柱头上抹，以免授粉过量或损坏柱头，导致落花。对成年树或高大的晚实核桃树可采用花粉袋抖授法。具体做法：将花粉装入 2～4 层纱布袋中，封严袋口，拴在竹竿上，然后在树冠上方迎风面轻轻抖撒。也可将立即散粉的雄花序采下，每 4～5 个为一束，挂在树冠上部，任其自由散粉，效果也很好，还可免去采集花粉的麻烦。此外，还可将花粉配成悬液（花粉与水之比为 1∶5 000）进行喷洒，有条件时可在水中加 10％蔗糖和 0.02％的硼酸，可促进花粉发芽和受精。此法既节省花粉，又可结合叶面喷肥同时进行，适于山区或水源缺乏的地区。

**2. 疏花疏果**　指疏除核桃树上过多的雄花芽和幼果。疏花疏果由于节省了大量养分和水分，不仅有利于当年树体的发育，提高当年的坚果产量和品质，同时也有利于新梢的生长和保证翌年的产量。

（1）疏除雄花　疏雄时期原则上以早疏为宜，一般以雄花芽未萌动前的 20 天内进行为好，到雄花芽伸长期则疏雄效果不明显。疏雄量以 90％～95％为宜，使雌花序与雄花数之比达 1∶30～1∶60，但对栽植分散和雄花芽较少的树可适当少疏或不疏。具体疏雄方法：用长 1～1.5m 带钩木杆，拉下枝

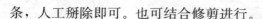

条，人工掰除即可。也可结合修剪进行。

疏雄对核桃树的增产效果十分明显。据山西省林业科学研究所（1984）在蒲县的核桃丰产栽培试验中证明，去雄可使产量年均增长 47.5%。该省自 1985 年起在山西省 7 个地（市）、27 个县推广去雄技术，3 年中共去雄 191.62 万株，增产核桃约 327.67 万千克，纯增经济收入 355.37 万元。另据河北农业大学（1986 年）报道，疏雄可提高坐果率 15%～22%，产量增加 12.8%～37.5%。

（2）疏除幼果　由于早实核桃以侧花芽结实为主，雌花量较大，到盛果期后，为保证树体营养生长和生殖生长的相对平衡，保持高产稳产水平，疏除过多的幼果，也是非常必要的。疏果的时间可在生理落果期以后，一般在雌花受精后的 20～30 天，即当子房发育到 1～1.5cm 时进行为宜。幼果疏除量应依树势状况及栽培条件而定，一般以每平方米树冠投影面积保留 60～100 个果实为宜。疏除方法：先疏除弱树或细弱枝上的幼果，如必要的话，最好连同弱枝一同剪掉。每个花序有 10以上幼果时，视结果枝的强弱可保留 2～3 个。注意坐果部位在冠内要分布均匀，郁密内膛可多疏。应特别注意，疏果仅限于坐果率高的早实核桃品种，尤其是因树弱而多挂果的树。

# 第八章

# 核桃病虫害防治技术

核桃病虫害防治，主要以防为主，防治结合。提倡使用无公害农药、生物源农药、植物源农药、矿物源农药和多采用物理方法进行病虫害的防治。禁止使用剧毒、高毒、高残留农药。为减少病虫害的发生，每年核桃采收后应加强核桃园的清园管理和用白涂剂进行涂白处理。在我国核桃病虫害相对较少，但归纳起来也有 40 种之多，虫害 17 种，病害 26 种；虫害有银杏大蚕蛾、核桃举肢蛾、云斑天牛、核桃根象甲、核桃果象甲、核桃叶甲、核桃小吉丁虫、草履介壳虫、大青叶蝉、核桃木尺蠖、核桃缀叶螟、核桃瘤蛾、燕尾水青蛾、山核桃蚜、黄须球小蠹、芳香木蠹蛾、黄刺蛾类等。病害有核桃枝枯病、核桃炭疽病、核桃黑斑病、核桃白粉病、核桃褐斑病、核桃毛毡病、核桃圆斑病、核桃菌核性根腐病、核桃根结线虫病、核桃腐烂病、核桃冠瘿病等。介绍几种常见的病虫害及其防治方法。

## 一、核桃主要病害及其防治

### （一）核桃溃疡病

**1. 分布及危害** 核桃溃疡病在国内的南北核桃产区都有

发生。主要危害幼树主干、嫩枝及果实，病害多发生于树干基部 0.5～1.0m 高度范围内。初期在树皮表面出现近圆形的褐色病斑，以后扩大成长椭圆形或长条形，并有褐色黏液渗出，向周围浸润，使整个病斑呈水渍状。中央黑褐色，四周浅褐色，无明显的边缘。在光皮树种上大都先形成水泡，而后水泡破裂，流出褐色乃至黑褐色黏液，并将其周围染成黑褐色。后期病部干瘪下陷，其上散生很多小黑点，为病菌分生孢子器。患病树皮的韧皮部和内皮层腐烂坏死，呈褐色或黑褐色，腐烂部位有时可深达木质部。严重发病的树干，由于病斑密集联合，影响养分输送，导致整株死亡。危害核桃苗木、大树的干部和主枝，在皮部形成水泡，破裂后流出淡褐色液体，遇空气变为铁锈色，后病斑干缩，中央纵裂一小缝，上生黑色小点，即病菌分生孢子器。

**2. 传播途径**　病菌以分生孢子和子囊孢子在病组织内越冬。翌年春季气温回升、雨量适宜，两种孢子借雨水传播，并从枝干的皮孔或受伤组织侵入，产生病斑后又形成分生孢子，借雨水传播进行多次再侵染，溃疡病菌有潜伏染特性，即核桃枝干在当年正常期内，病菌已侵入体内，但无症状表现而当年植株遇到不良环境条件，生理失调时，才表现出明显的溃疡斑。一般早春低温、干旱、风大、枝条伤口多等情况容易感病。

**3. 防治方法**

（1）清除病枯枝，集中烧毁，可减少感病来源。

（2）加强林园管理，深翻、施肥，增强树势，提高抗病能力。

（3）树干刷涂白剂。涂白剂的配方是生石灰 5kg、食盐

2kg、油 0.1kg、豆面 0.1kg、水 20L。

（4）4～5 月及 8 月份各喷洒 50％甲基托布津可湿性粉剂 200 倍液，或 80％抗菌素"402"乳油 200 倍液，都有较好的防治效果。

（5）刮除病斑治疗。用力刮去病斑树皮至木质部，或将病斑纵横深划几道口子，然后涂刷 3 波美度石硫合剂，或将 1％硫酸铜液，或 40％福美胂可湿性粉剂 50～100 倍液等药液进行消毒处理。

## （二）核桃腐烂病

**1. 主要危害状** 核桃腐烂病又称烂皮病、黑水病。在新疆、甘肃等地核桃产区危害较重。山西、河南等地发病较轻。主要危害枝干的皮层，造成枝枯或整株死亡。一般发病率在 50％左右，严重者可达 90％以上。幼树主干或侧枝染病，病斑初近梭形，暗灰色水渍状肿起，用手按压流有泡沫状的液体，病皮变褐有酒糟味，后期病部树皮组织失水下陷，病斑上散生许多小黑点即病菌分生孢子器。湿度大时从小黑点上涌出橘红色胶质物，即病菌孢子角。病斑扩展致皮层纵裂流出黑水。大树主干染病初期，症状隐蔽在韧皮部，外表不易看出，当看出症状时皮下病部也扩展 20～30cm 以上，流有黏稠状黑水，常糊在树干上。枝条染病：一种是失绿，皮层充水与木质部分离，致枝条干枯，其上产生黑色小点；另一种从剪锯口处产生明显病斑，沿树干纵横发展，围绕枝干一圈后，即可造成枝枯或全株死亡。

**2. 传播途径** 病菌以菌丝体或子座及分生孢子器在病部越冬。翌春核桃液流动后，遇有适宜发病条件，产出分生孢子，分生孢子通过风雨或昆虫传播，从嫁接口、剪锯口、伤口等处侵入，病害发生后逐渐扩展，直到越冬前才停止，孢子器成熟后涌出孢子角。生季期内可发生多次侵染。4～5月是发病盛期。核桃园管理粗放、受冻害、盐碱害等发病重。

**3. 防治方法**

（1）改良土壤，加强栽培管理，增施有机肥，合理修剪，增强树势，提高抗病力。

（2）早春及生长期及时刮治病斑，刮后用50％甲基硫菌可湿性粉剂50倍液或45％晶体石硫合剂21～30倍液、5～10波美度石硫合剂、50％苯菌灵可湿性粉剂1 000倍液消毒。

（3）树干涂白防冻，冬季日照长的地区，应在冬前先刮净病斑，然后涂白剂防止树干受冻，预防该病发生和蔓延。

## （三）核桃枝枯病

**1. 主要危害状**　核桃枯枝病分布较广，河南、山东、河北、陕西、山西、四川、云南等省（自治区）核桃产区都有发生，主要为害核桃枝条，尤其是1～2年生枝条易受害。枝条染病先侵入顶梢嫩枝，后向下蔓延至枝条和主干。枝条皮层初呈暗灰褐色，后变成浅红褐色或深灰色，并在病部形成很多黑色扁圆形瘤状突起，即病原菌分生孢子盘。染病枝条上的叶片逐渐变黄后脱落，湿度大时，从分生孢子盘上涌出大量黑色短柱状分生孢子，如遇湿度增高，则形成长圆形黑色孢子团块，内含大量孢子。

**2. 传播途径**　病原菌主要以分生孢子盘或菌丝体在枝条、树干病部越冬，翌年条件适宜时，产生的分生孢子借风雨或昆虫传播蔓延，从伤口侵入。该菌属弱性生菌，生长衰弱的核桃树或枝条易染病，春旱或遭冻害年份发病重。

**3. 防治方法**

（1）加强树体管理　山地核桃园应搞好水土保持工作，改良土壤，深翻扩穴，同时增施以有机肥为主的基肥，合理适量追施化肥，增强树势，提高抗病能力。

（2）树干涂白　冬季将树干涂白，进行防冻、防虫和防病。涂白剂配方：生石灰 12.5kg、食盐 1.5kg、植物油 0.25kg、硫磺粉 0.5kg、水 50L。

（3）清园　结合修剪及时剪除病枯枝，带出园外及时烧毁，减少病菌侵染源，剪锯口用波尔多液涂抹。

（4）主干发病　应及时刮除病部，并用 2% 的五氯酚蒽油胶泥或 1% 硫酸铜或 40% 福美胂可湿性粉剂 50 倍液消毒再涂抹煤焦油保护。

（5）北方注意防寒　预防树体受冻。及时防治核桃树害虫，避免造成虫伤或其他机械伤。

### （四）核桃褐斑病

**1. 主要危害状**　核桃褐斑病在河南等省核桃产区都有发生，造成早期落叶，枯梢，影响树势生长。主要为害叶片，也为害果实和新梢。叶片病斑近圆形或不规则褐形，直径 0.3～0.7cm，中间灰褐色，边缘暗黄色至紫褐色，病斑周缘与健部界限不清楚，病斑上有略呈同心轮纹状排列的黑色小点，即病菌的分生孢子盘和分生孢子。病斑多时常连成不规则形大斑，叶片枯焦，提早脱落。嫩枝上病斑长椭圆形或不规则形，稍凹陷，黑褐色，边缘褐色，病斑中部常有纵裂纹，后期病斑上散生黑色小点。果实上病斑较小、凹陷，扩展后果实变黑腐烂。

**2. 传播途径** 病菌在病叶或病梢上越冬，翌年夏季，分生孢子借雨水传播，侵染叶片，发病后产生的分生孢子又可以进行多次再侵染。雨水多、高温高湿条件有利于病害的流行。苗木受害后常造成枯梢。

**3. 防治方法**

（1）适时清园 采果后结合修剪，清除病枝、病叶、病果集中烧毁或深埋，减少侵染源。

（2）药物防治 6月中旬和7月初，各喷一次200倍石灰倍量式波尔多液或50％甲基托布津800倍液或40％杜邦福星乳油8 000～10 000倍液。

## （五）核桃黑斑病

**1. 主要危害状** 核桃黑斑病又称黑腐病。主要为害幼果、叶片，也可为害嫩枝。果实受害时，受害的绿色幼果初期青皮上产生褐色油浸状小斑点，边缘不明显，后期扩大成圆形或不规则形，严重时病斑凹陷，深入内果皮。在雨天，病斑周围有水浸状晕圈，此病导致全果变黑腐烂，果仁干瘪，易早落。叶片感病初期，叶片上的病斑较小，黑褐色，近圆形或多角形，外缘呈半透明油浸状晕圈，后期病斑中央呈灰色或穿孔；严重时，数个病斑融合，整个叶片发黑，枯焦。叶柄、嫩梢和枝条上的病斑，呈黑色长棱形或不规则形，下陷。严重时，可引起整个枝条枯死。

**2. 传播途径** 病原细菌在枝梢或芽内越冬。翌春泌出细菌液借风雨传播，从气孔、皮孔、蜜腺及伤口侵入，引起叶、果或嫩枝染病。在4～30℃条件下，寄主表皮湿润，病菌能侵入叶片或果实。潜育期5～34天，在田间多为10～15天。核桃花期极易染病，夏季多雨发病重。核桃举肢蛾为害造成的伤口易遭该菌侵染。

**3. 防治方法**

（1）选栽抗病品种　选栽抗病性强的品种，是防治黑斑病的重要环节。以核桃楸做砧木嫁接的核桃，抗黑斑病能力显著提高。

（2）加强树体管理　重视深翻改土，科学配方施肥，改善园内和树冠内通风透光条件，减轻发病率。

（3）清理果园　采收后，及时清除残留病果、病枝和病叶，集中销毁，减少来年病菌侵染。

（4）喷药预防　5月中下旬开始，每20～30天一次喷1：1：200（硫酸铜：石灰：水）的波尔多液，连续2～3次；或70%甲基托布津可湿性粉剂1 000～1 500倍液，防治效果均佳。

## （六）核桃炭疽病

**1. 主要危害状**　核桃炭疽病在核桃产区的新疆、山西、河南、辽宁、山东、四川、云南等地都有不同程度发生。主要危害核桃果实。果实受害后，果皮上出现褐色至黑褐色病斑，圆形或近圆形，中央下陷，病部有黑色小点产生，有时呈轮状排列。湿度大时，病斑小黑点处呈粉红色突起，即病菌的分生孢子盘及分生孢子。一个病果常有多个病斑，病斑扩大连片后导致全果变黑，腐烂达内果皮，核仁无任何食用价值。发病轻时，核壳或核仁的外皮部分变黑，降低出油率和核仁主产量，或果实成熟时病斑局限在外果皮，对核桃影响不大。叶片感病后，病斑不规则，有的沿边缘四周1cm处枯黄，或在主脉两侧呈长条形枯黄，严重时全叶枯黄脱落。苗木、幼树和芽，嫩枝感病后，常从顶端向下枯萎，叶片呈烧焦状脱落。潮湿时在黑褐色的病斑上产生许多粉红色的分生孢子堆。

**2. 传播途径** 病菌以菌丝和分生孢子在病果、病叶、芽鳞中越冬。翌年，分生孢子借风雨、昆虫等传播，从伤口、虫伤孔口、自然孔口等处侵入，发病后产生的分生孢子团，又可进行多次再侵染。发病得早晚和轻重，与高温高湿有密切关系，雨水早而多，湿度大，发病就早而且重。植株行距小、通风透光不良发病重。

**3. 防治方法**

（1）强壮树体 加强综合管理，保持树体健壮，增强抗性。

（2）清理果园 6～7月份，及时摘除病果；采果后，结合修剪及时清除病果、病叶和病枝，集中烧毁，消灭越冬病原。

（3）提前预防 发芽前，喷3～5波美度石硫合剂。发病前的6月中下旬至7月上中旬，喷1：1：200（硫酸铜：石灰：水）的波尔多液，或50%退菌特可湿性粉剂600～800倍液2～3次。

（4）发病期 发病期喷50%多菌灵可湿性粉剂100倍液，2%农抗120水剂200倍液，75%百菌清600倍液或50%托布津800～1 000倍液，每半月一次，喷2～3次，如能加黏着剂（0.03%皮胶等）效果会更好。

## （七）核桃白粉病

**1. 主要危害状** 核桃白粉病在各核桃产区都有发生，是一种常见的叶部病害。除危害叶片外，还危害嫩芽和新梢。发病初期，叶面产生退绿或黄色斑块，严重时叶片变形扭曲，皱缩，嫩芽不展开，并在叶片正面或反面出现白色、圆形粉层，即病菌的菌丝和无性阶段的分生孢子梗和分生孢子。后期在粉层中产生褐色至黑色小粒点，或粉层消失只见黑色小粒点，即病菌有性阶段的闭囊壳。

**2. 传播途径** 病菌以闭囊壳在落叶或病梢上越冬。翌年春季气温上升，遇到雨水，闭囊壳吸水膨胀破裂，散出子囊孢子，随气流传播到幼嫩芽梢及叶上，进行初次侵染。发病后病斑上多次产生分生孢子进行再侵染。秋季病叶上产生小粒点即闭囊壳，随落叶越冬。温暖气候、潮湿天气都有利于该病害发生。植株组织柔嫩，也易感病，苗木比大树更易受害。

**3. 防治方法**

（1）及时清除病叶、病枝并销毁，减少发病来源，加强管理，增强树势和抗病力。

（2）发病初期的7～8月份，可用50％甲基托布津可湿性粉剂1 000倍液，或25％粉锈宁可湿性粉剂500～800倍液喷洒，防治效果甚佳。

## （八）核桃枯梢病

**1. 分布及危害** 核桃枯梢病在陕西、山西等省时有发生。主要危害枝梢，造成枝条枯死。也能危害果实和叶片，造成果实腐烂。枝条受害后，病斑呈红褐色至深褐色，棱形或长条形，后期失水凹陷，其上密生红褐色至暗色小点，即病原菌的分生孢子器。

**2. 主要危害状** 病菌以分生孢子和子囊孢子在病组织内

越冬。翌年春季气温回升、雨量适宜，两种孢子借雨水传播，并从枝干的皮孔或受伤组织侵入，产生病斑后又形成分生孢子，借雨水传播进行多次再侵染，病菌有潜伏染特性，即核桃枝干在当年正常期内，病菌已侵入体内，但无症状表现而当年植株遇到不良环境条件，生理失调时，才表现出明显的溃疡斑。一般早春低温、干旱、风大、枝条伤口多等情况容易感病。

**3. 防治方法**

（1）清除病枯枝，集中烧毁，可减少感病来源。

（2）加强林园管理，深翻、施肥，增强树势，提高抗病能力。

（3）树干刷涂白剂。涂白剂的配方是生石灰 5kg、食盐 2kg、油 0.1kg、豆面 0.1kg、水 20L。

（4）4～5 月及 8 月份各喷洒 50％乙基托布津可湿性粉剂 200 倍液，或 80％抗菌素 "402" 乳油 200 倍液，都有较好的防治效果。

（5）刮除病斑治疗。用力刮去病斑树皮至木质部，或将病斑纵横深划几道口子，然后涂刷 3 波美度石硫合剂，或将 1％硫酸铜液，或 40％福美胂可湿性粉剂 50～100 倍液等药液进行消毒处理。

### （九）核桃根腐病

**1. 主要危害状**　核桃根腐病又名白绢病，在我国云南核桃产区有发生。主要危害苗木的根部，使主根和侧根的皮层腐烂，造成地上部植株枯死。在高温条件下苗木根颈基部和周围土壤及落叶表面先出现白色绢状菌丝体，随后在菌丝体上产生白色或褐色油菜籽状的粒状物，即病原菌的小菌核。植株上部逐渐衰弱死亡。

**2. 传播途径**  病菌以菌丝体在病树根颈部，或以菌核在土壤中越冬。在环境适宜时，菌丝体或菌核上长出新的营养菌丝，从苗木根颈处的伤口或嫁接伤口侵入，引起根颈得病。遇高温、高湿时发病严重，一般 5 月下旬开始发病，6～8 月为发病盛期。在土壤黏重、酸性土或前作蔬菜、粮食等地块上育苗易发病。

**3. 防治方法**

（1）苗出圃时，要严格检查，发现病苗应予淘汰。对有感病嫌疑的苗木，可将其根部置于 70％甲基托布津可湿性粉剂 500 倍液中浸泡 10min，然后栽植。栽植时避免过深，接口要露出土面，以防病菌从接口处侵入，并充分灌水，以缩短缓苗时间。

（2）植株生长衰弱时，应扒开根部周围土壤检查根，如发现菌丝和小菌核，应先将颈部的病斑用利刀刮除，然后用 15％抗菌素 "401" 液剂 50 倍，或 1％硫酸铜液消毒伤口，再于根部土壤浇洒药液。刮下的病原体组织及从根部挖出的病土要拿出园外再换新土回填根部。

### （十）核桃根癌病

**1. 主要危害状**  核桃根癌病又名根头癌肿病。分布比较普遍，是危害苗木根部的一种细菌性病害。苗木根部受害后，地上部生长缓慢，植株矮小，严重时叶片发黄早落。除危害核桃外，还有桃、李、苹果、梨、柑橘、柿、板栗等多种果树。主要发生在根颈部，侧根和支根也能发生。发病部位开始产生乳白色或略带红色的小瘤，质地柔软，表面光滑。后逐渐增大成深褐色的球形或扁球形癌瘤，木质化而坚硬，表面粗糙或凹凸不平。

**2. 传播途径**　病菌在癌瘤组织的皮层内越冬，或变癌破裂脱皮时进入土中越冬。由雨水和灌溉水传播，蛴螬、蝼蛄、线虫等活动也起一定的传播作用。带病苗木是远距离传播的重要途径。病菌从伤口侵入寄主后，刺激周围细胞迅速分裂，产生大量分生组织，形成癌肿症状。土壤潮湿或碱性，或黏重土排水不良，都有利于病害发生。地下害虫危害，造成伤口增加病菌侵入机会，发病也重。

**3. 防治方法**

（1）出圃苗木若发现根部有癌瘤应予淘汰。凡调运的苗木用1%硫酸铜液浸根5min。

（2）如在定植的植株上发现病瘤，应彻底刮除，其伤口应涂上石硫合剂渣子或波尔多浆，刮下的病瘤应随即烧毁。

## （十一）核桃根结线虫病

**1. 主要危害状**　核桃根结线虫病也是一种分布比较广泛的根部病害。主要危害核桃苗木根部幼嫩部分，严重时根上长满结瘤，根不能正常吸收营养物质和水分，地上部生长矮小，甚至凋萎枯死。核桃苗木根部先在须根及根尖处产生小米粒大小或绿豆大小的瘤状物。随后在侧根上也出现大小不等、表面粗糙的圆形瘤状物，褐色至深褐色，表面粗糙，瘤块内部有白色粉状物一至数粒，即为病原线虫的雌虫。严重发生时根结腐烂，根系减少，地上部的叶片黄萎，植株枯死。

**2. 传播途径**　以雌虫、幼虫和卵在根结内或遗落在土壤中越冬。随苗木、土壤、粪肥和灌溉水传播。2龄幼虫侵染后，在根皮和中柱之间危害，并刺激根细胞组织过度增长，形成根结。一个生长季节可进行多次侵染。根结越多，发病越重。成虫在土温25~30℃、土壤湿度40%左右时，生长发育最快，幼虫一般在10℃以下即停止活动，一年可侵染数次。感病作物连作期越长，根结线虫越多，发病越重。

**3. 防治方法**　第一，严格进行苗木检查，拔除病株烧毁，选用无线虫土壤育苗，轮作不感染此病的树种1~2年，避免在种过花生、芝麻、楸树的地块上育苗。深翻或浸水淹没地块约2个月可减轻病情。

第二，用80%二溴氯丙烷乳油沟施，每亩1~1.5kg，加水75L，均匀施于沟内，沟深20cm左右，沟与沟之间距离33cm左右。施药后将沟覆土踏实，隔10~15天后在施药沟内播种。或75%棉隆可湿性粉剂每亩1kg，加水150L，在核桃树根系60cm以外的地方挖沟，将药液施入沟内，然后填土踏实。

## （十二）核桃日灼病

**1. 主要危害状**　夏季如连日晴天，阳光直射，温度高，常引起果实和嫩枝发生日灼和嫩枝发生日灼病，轻度日灼果皮上出现黄褐色、圆形或棱形的大斑块，严重日灼时病斑可扩展至果面的一半以上，并凹陷，果肉干枯黏在核壳上，引起果实早期脱落。受日灼的枝条半边干枯或全枝枯，受日灼果实和枝条容易引起细菌性黑斑病、炭疽病、溃疡病，同时如遇阴雨天气，灼伤部分还常起链格孢菌的腐生。

**2. 传播途径**　核桃日灼病属于高温烈日曝晒引起生理病

害。特别天气干旱，封缺水，又受强烈日光照射，致使果实的温度升高，蒸发消耗的水分过多，果皮细胞遭受高温而灼伤。各地都有不同程度的发生。

**3. 防治方法**　夏季高温期间应在核桃园内定期浇水，以调节果园内的小气候，可减少发病。或在高温出现前喷洒2％石灰乳液，可以减轻受害。

# 二、核桃主要虫害及其防治

## （一）核桃小吉丁虫

又名串皮虫，是核桃树的主要害虫之一。在河南、河北、山东、山西、陕西、甘肃、四川、云南等地均有分布。

**1. 主要危害状**　主要危害核桃的枝条，以幼虫在2～3年生枝条皮层中呈螺旋形串食危害，故又称串皮虫。枝条受害后常表现被害处膨大成瘤状，破坏输导组织，致使枝梢干枯，幼树生长衰弱，受害严重时，易形成小老树或整株死亡，严重地区被害株率达90％以上。

**2. 发生规律**　每年发生1代，以幼虫在2～3年生被害枝条木质部内越冬。在河北越冬幼虫5月中旬开始化蛹，6月为盛期，化蛹期持续2月余。蛹期平均30天左右，6月上中旬开始羽化出成虫，7月为盛期。成虫羽化后在蛹室停留15天左右，然后从羽化孔钻出，经10～15天取食核桃叶片补充营养，再交尾产卵。成虫喜光，卵多散产于树冠外围和生长衰弱的2～3年生枝条向阳光滑面的叶痕上及其附近，卵期约10天，7月上中旬开始出现幼虫。初孵幼虫从卵的下边蛀入枝条表皮，随着虫体增大，逐渐深入到皮层和木质部中间蛀成螺旋状隧道，内有褐色虫粪，被害枝条表面有不明显的蛀孔道痕和许多月牙形通气孔。受害枝上叶片枯黄早落，入冬后枝条逐渐干枯。8月下旬后，幼虫开始在被害枝条木质部筑虫室越冬。

**3. 防治方法**　①加强核桃园综合管理，增强树势。4～5月份核桃发芽后至成虫羽化前及采果后至落叶前，剪除虫害枝烧毁，消灭幼虫及蛹。②诱杀虫卵。成虫羽化产卵期，及时设立一些饵木，诱集成虫产卵，再及时烧掉。③生物防治。核桃小吉丁虫有2种寄生蜂，自然寄生率为16％～56％，释放寄生蜂可有效地降低越冬虫的数量。④化学防治。7～8月份检查发现枝条上有月牙状通气孔，随即涂抹5～10倍氧化乐果，消灭幼虫。6～7月成虫羽化期，喷敌杀死500倍液，25％西维因600倍液，或50％磷胺乳油800～1 000倍液。

### （二）核桃缀叶螟

又名木黏虫、缀叶丛螟。属于鳞翅目、螟蛾科。

**1. 主要危害状**　幼虫咬食核桃的叶片，发生严重的年份，核桃树枝残叶碎，冠顶光秃，形似火烧，枝条上留下雀巢般的虫窝，严重影响树势生长。在辽宁、北京、河北、天津、山东和陕西等省、自治区、直辖市广泛分布。

**2. 发生规律**　1年发生1代，以老熟幼虫在根的附近及距树干1m范围内的土中结茧越冬，入土深度10cm左右。翌年6月上旬为越冬代幼虫的化蛹期，盛期在6月底至7月中旬，成虫产卵于叶面。7月上旬至8月中旬为幼虫孵化期，盛期在7月底至8月初，初龄幼虫常数十至数百头群居在叶面吐丝结网，舐食叶肉，先是缠卷1张叶片呈筒形；随虫体的增大，至二三龄后开始分散活动，1头幼虫缠卷一复叶上部的3～4片叶子为害。幼虫夜间取食，白天静伏于叶筒内。受害叶多位于树冠上部及外围，容易发现。从8月中旬开始，老熟幼虫便入土做茧越冬。

**3. 防治方法**　①人工杀死：利用幼虫危害叶片时，呈群居状态，可以摘除虫包，集中烧毁杀灭虫体；②挖虫茧：虫茧在树根旁边及松软的土里比较集中，可在秋季封冻前或春季解冻后在其附近挖除虫茧集中烧毁。③农药防治：7月中下旬在幼虫危害的初期，喷洒40%乐果乳油2 000倍液，或25%西维因可湿性粉剂500～800倍液。

## （三）刺蛾类

又名洋拉子、八角。是一种核桃叶部的杂食性害虫，在全国各地均有分布。有黄刺蛾、绿刺蛾、褐刺蛾、扁刺蛾等。

**1. 主要危害状**　初龄幼虫取食叶片的下表皮和叶肉，仅留表皮层，叶面出现透明斑。3龄以后幼虫食虫量增大，把叶片吃成多孔洞，缺刻，影响树势和第二年结果。幼虫体上有毒毛，触及人体，会刺激皮肤发痒发痛。

**2. 发生规律**　北方1年生1代，长江下游地区2代，少数3代。均以老熟幼虫在树下3～6cm土层内结茧以前蛹越冬。1代在5月中旬开始化蛹，6月上旬开始羽化、产卵，发生期不整齐，6月中旬至8月上旬均可见初孵幼虫，8月为害最重，8月下旬开始陆续老熟入土结茧越冬。2～3代在4月中旬开始化蛹，5月中旬至6月上旬羽化。第1代幼虫发生期为5月下旬至7月中旬，第2代幼虫发生期为7月下旬至9月中旬，第3代幼虫发生期为9月上旬至10月。以末代老熟幼虫入土结茧越冬。成虫多在黄昏羽化出土，昼伏夜出，羽化后即可交配，2 天后产卵，多散产于叶面上。卵期 7 天左右。幼虫共 8 龄，6 龄起可食全叶，成虫多夜间下树入土结茧。

**3. 防治方法**　①消灭越冬虫茧：根据不同刺蛾结茧习性与部位，于冬、春季在树木附近的松土里挖虫茧杀死在土层中的茧可采用挖土除茧。也可结合保护天敌，将虫茧堆集于纱网中，让寄生蜂羽化飞出寄生。②诱杀：刺蛾成虫大都有较强的趋光性。成虫羽化期间可安置黑色灯光诱杀成虫。③人工捕杀：在幼虫聚集期剪除虫枝，集中进行烧毁。④保护天敌：可利用上海青蜂对黄刺蛾茧寄生的特性，消灭黄刺蛾的越冬茧。⑤化学防治：药杀应掌握在幼虫 2～3 龄阶段。常用药剂有 90％晶体敌百虫 800～1 000 倍液、80％敌敌畏乳剂 1 200～1 500 倍液。

### （四）铜绿金龟子

又名铜绿丽金龟。属于鞘翅目、丽金龟科。

**1. 主要危害状**　以成虫危害核桃树叶片，使被害叶片残缺不全，受害严重时整株叶片全被食光，仅留叶柄。幼虫食害果树根部，但危害性不大。

**2. 发生规律**　该虫 1 年发生 1 代，以 3 龄或 2 龄幼虫在土中越冬。翌年 4 月越冬幼虫开始活动为害，5 月下旬至 6 月上旬化蛹，6～7 月为成虫活动期，直到 9 月上旬停止。成虫趋光性及假死性，昼伏夜出，白天隐伏于地被物或表土，出土后在寄主上交尾、产卵。寿命约 30 天。在气温 25℃以上、相对湿度为 70％～80％时为活动适宜温度，为害较严重。将卵散产于根系附近 5～6cm 深的土壤中，卵期 10 天。7～8 月份为幼虫活动高峰期，10～11 月进入越冬期。雨量充沛的条件下成虫羽化出土较早，盛发期提前，一般南方的发生期约比北方早月余。

**3. 防治方法**　①人工防治：于 6 月成虫大量发生期，傍晚利用成虫假死性，早晚进行敲树振虫，树下用塑料布接虫，集中将其消灭。②物理诱杀：利用成虫的趋光性，6～7 月用黑光灯进行诱杀成虫。③化学防治：成虫大量发生的年份，6～7 月份是成虫危害的高峰期，可用 50％的马拉硫磷乳油，或 50％辛硫磷乳油 800～1 000 倍液在树冠上喷雾进行防治。④防治蛴螬：在树盘内或园边杂草内施 75％辛硫磷乳剂 1 000 倍液，施后浅锄入土。

### （五）芳香木蠹蛾

又名杨木蠹蛾、蒙古木蠹蛾。属于鳞翅目、木蠹蛾科。

**1. 主要危害状**　幼虫群集在核桃树干基部及根部蛀食韧皮部和形成层，使根颈部皮层开裂。果树受害时，树势逐年衰弱，产量降低，甚至整株枯死。广泛分布于我国东北、华北、西北、西南等省、自治区、直辖市。

**2. 发生规律**　2～3 年 1 代，以幼龄幼虫在树干内及末龄幼虫在附近土壤内结茧越冬。5～7 月发生，产卵于树皮缝或伤口内，每处产卵十几粒。幼虫孵化后，蛀入皮下取食韧皮部和形成层，以后蛀入木质部，向上向下穿凿不规则虫道，被害处可有十几条幼虫，蛀孔排出深褐色的虫粪和木屑，并有褐色液体流出，幼虫受惊后能分泌一种特异香味。

**3. 防治方法**　①及时发现和清理被害枝干，消灭虫源。②树干涂白：在成虫的产卵期，将核桃树干涂白，防止成虫在树干产卵。③人工捕杀幼虫：发现幼虫危害时，撬开皮层挖出幼虫。④喷药防治：6～7 月份，在树干 1.5m 以下至根部喷洒

50%的辛硫磷乳油 1 500 倍液，以毒杀成虫。或用 50%的敌敌畏乳油 100 倍液刷涂虫疤，杀死内部幼虫。

### （六）核桃举肢蛾

又称核桃黑。为鳞翅目举肢蛾科。

**1. 主要危害状**　以幼虫蛀入核桃果内（总苞）以后，随着幼虫的生长，纵横穿食为害，被害处果皮发黑，并开始凹陷，核桃仁（子叶）发育不良，表现干缩而黑，故称为"核桃黑"。有的幼虫早期侵入硬壳内蛀食为害，使核桃仁枯干。有的蛀食果柄间的维管束，引起早期落果，严重影响核桃产量。在我国北京、河南、河北、陕西、山西、四川、贵州等核桃产区均有发生。

**2. 发生规律**　核桃举肢蛾一年发生 1～2 代，以 2 代居多，以老熟幼虫在树冠下 1～3cm 深的土内、石块下或树干基部皱裂缝内结茧越冬。越冬幼虫化蛹后于第二年 5 月初开始羽化出土，5 月中下旬为羽化出土盛期。成虫昼伏夜出，白天多栖息在核桃下部叶片背部及地面草丛中，晚 7 时前后飞翔，交尾产卵，卵多散产在两果相接处，其次是萼凹，只有少数卵产在梗凹附近或叶柄上，每只雌虫产卵 30～40 粒，卵期 4～5 天。幼虫孵化后在果面爬行 1～3h 后蛀入果实，入果孔上呈现水珠，初透明，后变为琥珀色，隧道内充满虫粪，被害处黑烂。早期被害果，果皮皱缩变黑，提早脱落，但幼虫不转果危害。第一代幼虫在果内为害 30～40 天后，于 7 月上旬开始咬穿果皮，脱果入土结茧越冬。第二代幼虫蛀果时核桃壳已硬化，主要在青皮内危害，8 月上旬至 9 月上旬脱果结茧越冬。

**3. 防治方法**　①深翻树盘：晚秋季或早春深翻树冠下的

土壤，破坏冬虫茧，可消灭部分越冬幼虫，或使成虫羽化后不能出土。②树冠喷药：掌握成虫产卵盛期及幼虫初孵期，每隔10～15天选喷1次50%杀螟硫磷乳油或50%辛硫磷乳油1 000倍液，2.5%溴氰菊酯乳油或20%杀灭菊酯乳油3 000倍液等，共喷3次，将幼虫消灭在蛀果之前，效果很好。③地面喷药：成虫羽化前或个别成虫开始羽化时，在树干周围地面喷施50%辛硫磷乳油300～500倍液，每亩用药0.5kg，或撒施4%敌马粉剂，每株0.4～0.75kg，以毒杀出土成虫。④摘除被害果：受害轻的树，在幼虫脱果前及时摘除变黑的被害果，可减少下一代的虫口密度。⑤释放松毛虫赤眼蜂，在6月每亩释放赤眼蜂30万头，可控制举肢蛾的危害。

### （七）核桃瘤蛾

核桃瘤蛾又名核桃毛虫、核桃小毛虫。属鳞翅目、瘤蛾科。

**1. 主要危害状** 为害核桃叶片的一种暴食性害虫。严重发生时几天内能将树叶吃光，甚至啃食果实青皮，造成枝条2次发芽，树势极度衰弱，导致翌年枝条枯死，产量下降。主要分布于山西、河北、河南、陕西等省、自治区、直辖市。

**2. 发生规律** 该虫1年发生2代。以蛹在树冠下的石块或土块下、树洞中、树皮缝及杂草中越冬。在河北5月中旬开始化蛹，成虫6月上旬开始产卵。7月上中旬是幼虫为害盛期，幼虫只在晚间活动。第2代幼虫出现期为8月上旬。

**3. 防治方法** ①利用老熟幼虫有下树化蛹的习性，可在树干周围半径0.5m的地面上堆集石块诱杀。②于幼虫发生为害期，喷布50%杀暝松乳油1 000倍液，或90%晶体敌百虫

800 倍液，或 2.5％溴氰菊酯乳油 6 000 倍液。③利用成虫的趋光性，可用黑光灯诱杀成虫。

### （八）栎黄枯叶蛾

栎黄枯叶蛾又名栗黄枯叶蛾、绿黄枯叶蛾。属鳞翅目、枯叶蛾科。

**1. 主要危害状** 幼虫取食叶片造成孔洞或缺刻，严重时吃光叶片。广泛分布于河南、陕西、四川、浙江等省、自治区、直辖市。

**2. 发生规律** 栗黄枯叶蛾在我国河南、陕西及其以北地区 1 年 1 代，以卵在枝条和树干上越冬。春季栗树发芽后越冬卵开始孵化。初孵幼虫群集叶背取食叶肉，受惊时即吐丝下垂，2 龄后便分散为害。幼虫共 7 龄，发育历期 80～90 天。7 月份幼虫老熟，在枝干上结茧化蛹。蛹期 15 天左右。7 月下旬到 8 月上旬出现成虫。成虫羽化后白天静伏，夜间活动，有趋光性，多在傍晚时交尾、产卵。卵产在枝条和树干上。每雌可产卵 200～300 粒，数十粒排成两行。该虫在我国南方地区 1 年 2 代，第一代成虫发生期在 4～5 月份，第二代发生期在 6～9 月。在海南省 1 年 5 代，无越冬现象。

**3. 防治方法** ①人工防治：冬季人工采集卵块集中处理；在 1～2 龄幼虫期，捕杀群集幼虫；在其化蛹期人工采蛹。②药剂防治：5 月前后幼虫发生严重时，可喷洒 25％灭幼脲Ⅲ号 1 000 倍液；或 50％敌敌畏乳油 1 000～1 500 倍液；2.5％溴氰菊酯乳油 5 000～8 000 倍液；或 50％杀螟松乳油 1 000 倍液。③生物防治：栎黄枯叶蛾的天敌有蠋敌、多刺孔寄蝇、黑青金小蜂及一些食虫鸟，其中寄蝇的寄生率可达 24％。

### (九) 核桃叶甲

核桃叶甲又名核桃金花虫、核桃扁叶甲。属鞘翅目、叶甲科。

**1. 主要危害状**　以成虫、幼虫群集为害核桃、核桃楸、枫扬等，受害叶呈网状，很快变黑枯死。分布于我国陕西、四川、江苏、福建、黑龙江、吉林、辽宁、甘肃、河北、云南等省、直治区、直辖市。

**2. 发生规律**　1年发生1代，以成虫在地面覆盖物中及树干基部70～135cm高处的树皮缝内越冬。在华北地区，5月初越冬成虫开始活动。在云南省，清明节后上树取食。成虫群集嫩叶上，将嫩叶吃成网状，有的破碎。成虫特别贪食，腹部已膨胀成鼓囊状，露出鞘翅一半以上，仍不停取食。卵产于叶背，块状，每块20～30粒。幼虫孵化后群集叶背取食，使叶片枯黄。6月下旬幼虫老熟。以腹部末端附于叶上，倒悬化蛹。经4～5天后成虫羽化，进行短期取食后即潜伏越冬。

**3. 防治方法**　①人工防治：冬季人工刮除树干基部的老树皮，可消灭越冬成虫，或在翌年成虫上树为害期捕捉成虫。②药剂防治：幼虫期喷洒25%亚胺磷乳剂600倍液，或10%氯氰菊酯乳剂8 000倍液。

### (十) 山楂叶螨

山楂叶螨又名山楂红蜘蛛。属蛛形纲、蜱螨目、叶螨科。

**1. 主要危害状**　主要危害梨、苹果、桃、核桃、樱桃、山楂、李等多种果树。成螨和若螨刺吸叶片及幼嫩芽的汁液，危害猖獗的年份还可危害幼果。叶片严重受害后，先是出现很多失绿小斑点，随后扩大连成片，严重时全叶变为焦黄而脱落，严重抑制了果树生长，甚至造成二次开花，影响当年花芽的形成和次年的产量。

**2. 发生规律**　北方地区一年发生 6～10 代，以受精雌成螨在主干、主枝和侧枝的翘皮、裂缝、根颈周围土缝、落叶及杂草根部越冬，第二年苹果花芽膨大时开始出蛰危害，花序分离期为出蛰盛期。出蛰后一般多集中于树冠内膛局部危害，以后逐渐向外堂扩散。常群集叶背危害，有吐丝拉网习性。9～10 月开始出现受精雌成螨越冬。高温干旱条件下发生并危害重。

**3. 防治方法**　①休眠期防治：冬季清扫落叶，刮除老翘皮，刨树盘，可消灭部分越冬雌成螨。也可结合防治其他病虫害喷洒 3～5 波美度石硫合剂。②生长期防治：在越冬的雌成螨出蛰盛期（核桃树花芽膨大期），喷洒 0.3～0.5 波美度石硫合剂，或 40% 水胺硫磷乳剂 1 500 倍液，或 5% 尼索朗乳剂 2 000～3 000 倍液，均有良好效果。③保护和引放天敌：山楂叶螨的天敌主要有捕食螨、草蛉、食螨瓢虫等，应注意保护利用。

### （十一）核桃瘿螨

核桃瘿螨属蛛形纲、蜱螨目、瘿螨科。

**1. 主要危害状**　主要为害叶片，初为苍白色不规则斑点，后被害处隆起成灰白色瘿瘤，瘿瘤逐渐变为红褐色，破裂后叶面呈疮痂状。严重时叶片皱缩或卷曲，质地变硬。

**2. 发生规律**　以成螨在被害叶片、芽鳞中越冬，翌年随着芽的伸长、嫩叶抽出，即侵入叶片内吸食为害，以后被害部逐渐隆起形成虫瘿。一般夏季高温干燥的条件下为害严重。

**3. 防治方法**　①清除落叶，集中烧毁。②在核桃树发芽前喷洒 5 波美度石硫合剂可杀灭越冬成螨，这是防治该螨的关键时期。展叶后可喷洒 40%螨卵酯可湿性粉剂 1 000～2 000 倍液杀卵，或喷 0.2～0.4 波美度石硫合剂杀灭幼螨。

### （十二）核桃黑斑蚜

核桃黑斑蚜属同翅目、斑蚜科。

**1. 主要危害状**　以成、若蚜在核桃叶背及幼果上刺吸为害。在山西省核桃产区普遍发生。

**2. 发生规律**　在山西省，每年发生 15 代左右，以卵在枝杈、叶痕等处的树皮缝中越冬。第二年 4 月中旬为越冬卵孵化盛期，孵出的若蚜在卵壳旁停留约 1h 后，开始寻找膨大树芽或叶片刺吸取食。4 月底 5 月初若蚜发育为成蚜，孤雌卵胎生产生有翅孤雌蚜，有翅孤雌蚜每年发生 12～14 代，不产生无翅蚜。成蚜较活泼，可飞散至邻近树上。成、若蚜均在叶背及幼果上为害。8 月下旬至 9 月初开始产生性蚜，9 月中旬性蚜大量产生，雌蚜数量是雄的 2.7～21 倍。交配后，雌蚜爬向枝条，选择合适部位产卵，以卵越冬。

**3. 防治方法**　①药剂防治：该蚜 1 年有 2 个为害高峰，分别在 6 月和 8 月中下旬至 9 月初，喷洒 50%抗蚜威可湿性粉剂 5 000 倍液或 35%伏杀磷乳剂 1 000 倍液，有很好的防治效果。②保护天敌：核桃黑斑蚜的天敌主要有七星瓢虫、异色瓢虫、大草蛉等，应注意保护利用。

### （十三）云斑天牛

云斑天牛又称核桃大天牛、白条天牛。属鞘翅目、天牛科。

**1. 主要危害状**　以成虫取食叶片和嫩枝表皮、幼虫蛀食皮层和木质部为主。核桃树受害后，树势衰弱，甚至整株枯死，是核桃树的毁灭性害虫。广泛分布于东北、西北、华北、华中、华南等地。

**2. 发生规律**　该虫 2～3 年发生 1 代，以幼虫或成虫在蛀道内越冬。成虫于翌年 4～6 月羽化飞出，补充营养后产卵。卵多产在距地面 1.5～2m 处树干的卵槽内，卵期约 15 天。幼虫于 7 月孵化，此时卵槽凹陷，潮湿。初孵幼虫在韧皮部为害一段时间后，即向木质部蛀食，被害处树皮向外纵裂，可见丝状粪屑，直至秋后越冬。来年继续为害，于 8 月幼虫老熟化蛹，9～10 月成虫在蛹室内羽化，不出孔就地越冬。

**3. 防治方法**　①人工捕杀成虫：在成虫发生期直接捕捉。对树冠处的成虫，可利用其假死性振落后捕杀。也可在晚间用灯光诱杀。②树干基部涂白：在成虫产卵前，用石灰 5kg、硫磺粉 0.5kg、食盐 0.25kg、水 20L，充分混匀后涂于树干基部，可防止成虫产卵，也可杀死初孵幼虫。③人工钩杀幼虫：发现蛀入木质部的幼虫，可用细铁丝端部弯一小钩，插入虫孔，可钩杀部分幼虫。④药剂防治：幼虫为害期，发现有粪屑排出时，将虫孔附近粪屑除净，从虫孔注入 80% 敌敌畏乳剂100 倍液，或 50% 辛硫磷乳剂 200 倍液。也可浸药棉塞孔，然后用黏泥或塑料袋堵注虫孔。成虫发生期，对集中连片危害的林木，向树干喷洒 90% 的敌百虫 1 000 倍液或绿色威雷 100～300 倍液杀灭成虫。

### (十四) 桑天牛

桑天牛又名桑褐天牛、褐天牛、桑干黑天牛、粒肩天牛

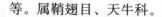

等。属鞘翅目、天牛科。

**1. 主要危害状** 成虫啃食嫩枝皮层，也可取食嫩芽和叶片；幼虫在枝干木质部蛀食，每隔一段距离向外开一排粪孔，排出粪便和木屑。受害树生长不良，树势衰弱，严重时枯干枯死。广泛分布于全国各地。

**2. 发生规律** 北方 2～3 年 1 代，以幼虫或即将孵化的卵在枝干内越冬，在寄主萌动后开始为害，落叶时休眠越冬。幼虫期初孵幼虫，先向上蛀食 10mm 左右，即掉回头沿枝干木质部向下蛀食，逐渐深入心材，如植株矮小，下蛀可达根际。幼虫在蛀道内，每隔一定距离即向外咬一圆形排粪孔，粪便和木屑即由虫排粪孔向外排出。排泄孔径随幼虫增长而扩大，孔间距离自上而下逐渐增长，增长幅度因寄主植物而不同。幼虫老熟后，即沿蛀道上移，越过 1～3 个排泄孔，先咬出羽化孔的雏形，向外达树皮边缘，使树皮呈现臃肿或破裂，常使树液外流。此后，幼虫又回到蛀道内选择适当位置（一般距蛀道底70～120mm）做成蛹室，化蛹其中。蛹室长 40～50mm，宽20～25mm。蛹期 15～25 天。羽化后于蛹室内停 5～7 天后，咬羽化孔钻出，7～8 月间为成虫发生期。成虫多晚间活动取食，以早晚较盛，经 10～15 天开始产卵。2～4 年生枝上产卵较多，多选直径 10～15mm 的枝条的中部或基部，先将表皮咬成 U 形伤口，然后产卵于其中，每处产 1 粒卵，偶有 4～5粒者。每雌可产卵 100～150 粒，产卵 40 余天，卵期 10～15天，孵化后于韧皮部和木质部之间向枝条上方蛀食约 1cm，然后蛀入木质部内向下蛀食，稍大即蛀入髓部。开始每蛀 5～6cm 长向外排粪孔，随虫体增长而排粪孔距离加大，小幼虫粪便红褐色细绳状，大幼虫的粪便为锯屑状。幼虫一生蛀隧道长达 2m 左右，隧道内无粪便与木屑。

**3. 防治方法**　参见云斑天牛。

## （十五）核桃根象甲

核桃根象甲又名核桃横沟象、核桃黄斑象。属鞘翅目、象甲科。

**1. 主要危害状**　以幼虫在核桃根部为害皮层。该虫在坡底沟洼及村旁土质肥沃的地方以及生长旺盛的核桃树上为害较重。每株虫口最多可达 110 头，被害株率一般达 50%～60%，严重地区可达 100%。为害后，核桃树根皮被环剥，常与芳香木蠹蛾混合发生，造成树势衰弱，甚至整株枯死。此外，核桃根象甲的成虫还可为害果实、嫩枝、幼芽和叶片，常与核桃果象甲混合发生，使被害果仁干缩，嫩枝、幼芽被害后可影响来年结果。该虫分布于河南、陕西、四川和云南等核桃产区。

**2. 发生规律**　在河南、陕西、四川等省均 2 年发生 1 代，跨 3 个年头。以幼虫在根皮部或以成虫在向阳杂草或表土层内越冬。在河南和陕西省幼虫经过 2 个冬天后，第三年的 5 月中下旬开始化蛹，可一直延续到 8 月上旬，化蛹盛期在 6 月中旬。蛹期 11～24 天，自 6 月中旬成虫开始羽化，8 月中旬羽化结束，7 月中旬为羽化盛期。成虫羽化后在蛹室内停留 10～15 天，然后咬破皮层，再停 2～3 天后从羽化孔爬出，上树取食叶片、嫩枝，也可取食根部皮层作补充营养。成虫爬行较快，飞翔力差，有假死性和弱趋光性。8 月上旬成虫开始产卵，8 月中旬达盛期，10 月上旬结束，成虫开始越冬。翌年 5 月中旬再开始产卵，直至 8 月上旬产卵结束后，成虫逐渐死亡。卵多产于根部的裂缝和嫩根皮中，雌成虫产卵前先用头管咬成 1.5mm 直径大小的圆洞，而后产卵于内，再转身用头管将卵送入洞内深外，最后用碎木屑覆盖洞口。每处多数产卵 1 粒以上。1 头雌虫最多可产卵 111 粒，平均 60 粒。卵期 11～34 天，平均 22 天，当年产的卵 8 月下旬开始孵化，10 月下旬孵化结束。幼虫孵化后蛀入皮层。90％的幼虫集中在表土下 5～20cm 深的根部为害皮层，少数可沿主根向下深达 45cm。距树干基部 140cm 远的侧根也普遍受害，部分幼虫在表土上层沿皮层为害，但这部分幼虫多被寄生蝇寄生。幼虫钻蛀的虫道弯曲交错，充满黑褐色粪粒和木屑。严重时根皮被环剥。为害至 11 月份后进入越冬状态。成虫翌年所产的卵于 6 月下旬开始孵化，8 月上旬孵化结束，幼虫为害至 11 月份即开始越冬。

**3. 防治方法**　①药剂防治幼虫：在春季幼虫开始活动为害时，挖开树干基部的土壤，撬开根部老皮，灌注 80％敌敌畏乳剂 100 倍液，或 50％杀螟松乳剂 200 倍液，然后封土，防治幼虫，效果良好。②药剂防治成虫：在夏季 6～7 月份成虫盛发期，用 50％三硫磷乳剂 1 000 倍液，或 50％磷胺乳剂 1 000倍液，也可用每毫升含孢子 2 亿个的白僵菌液在树冠和根颈部喷雾，以防治成虫。

### （十六）黄须球小蠹

黄须球小蠹又名核桃小蠹。属鞘翅目、小蠹科。

**1. 主要危害状**　成虫食害核桃树新梢上的芽，受害严重时整枝或整株芽均被蛀食，造成枝条枯死。成虫和幼虫均可在枝条中蛀食，成虫多在枝条内蛀一长 16～46mm 的纵向隧道，幼虫沿此纵向隧道向两侧蛀食，与成虫隧道呈"非"字形排列。该虫常与核桃小吉丁虫混合发生，严重影响结果和生长发育。主要分布于东北地区及河北、河南、山西、陕西、四川等省（自治区）核桃产区。

**2. 发生规律**　每年发生1代，以成虫在顶芽或叶芽基部的蛀孔内越冬。翌年4月上旬开始活动，多到健芽基部和多年生枝条上蛀食作补充营养。4月中下旬开始产卵，4月下旬到5月上旬为产卵盛期。产卵前，雌虫先在衰弱枝条（特别是核桃小吉丁虫为害枝）的皮层内向上蛀食，形成一条长16～46mm的母坑道，雌虫边蛀坑道边产卵于母坑道的两侧，每头雌虫产卵约30粒。卵期约15天。幼虫孵化后分别在母坑道两侧向外横向蛀食，形成排列整齐的子坑道，成"非"字形。待两侧的子坑道相接，则枝条即被环剥而枯死。幼虫期40～45天。6月中下旬到7月上中旬，幼虫先后老熟化蛹，蛹期15～20天，成虫羽化后，再停留1～2天才出孔上树为害。成虫飞翔力弱，多在白天，特别是午后炎热时较活跃，蛀食新芽基部，形成第二个为害高峰，顶芽受害最重，约占63％。1头成虫平均为害3～5个芽后即开始越冬。

**3. 防治方法**　①加强综合管理，增强树势，提高抗虫力。②根据该虫为害后芽体多数不再萌发，甚至全枝枯死的特点，在春季核桃树发芽后，彻底将没有萌发的虫枝或虫芽剪除，以消灭越冬成虫。③越冬成虫产卵前，在树上挂饵枝（可利用上年秋季修剪的枝条）引诱成虫产卵后，集中销毁。④当年新成虫羽化前，发现生长不良的有虫枝条，及时剪除，以消灭幼虫或蛹。⑤越冬成虫和当年成虫活动期喷洒25％西维因可湿性粉剂500倍液，或80％敌敌畏乳剂800倍液，或50％马拉松乳剂1 000倍液。

## （十七）柳干木蠹蛾

柳干木蠹蛾又名大褐木蠹蛾、柳乌木蠹蛾、柳干蠹蛾等。属鳞翅目、木蠹蛾科。

**1. 主要危害状**　以幼虫蛀食枝干的皮层和木质部，以树干基部为多，造成许多不规则隧道，轻者使树势衰弱，重则致树死亡。广泛分布于东北、西北、华北、中南、华东等地。

**2. 发生规律**　柳干木蠹蛾每 2 年完成 1 代，以幼虫越冬，越冬地点第一年在隧道内，第二年在隧道内或根颈部的土壤中。第三年的 4～5 月份，老熟幼虫在隧道口附近的皮层处做蛹室，或在附近土中做茧化蛹。6～7 月份成虫羽化。成虫昼伏夜出，有弱趋光性，飞翔能力较强，喜在衰弱树、孤立树或林边缘的树上产卵在一起，卵期 13～15 天。幼虫孵化即从缝隙或伤口处蛀入皮层，长大后蛀入木质部。多群栖为害，发生严重时，每树有虫可达 200 多头。

**3. 防治方法**　①及时伐除枯死木、衰弱木，并注意消灭其中的幼虫。②在成虫产卵期，树干涂白，以防止成虫产卵。③发现幼虫为害时，撬开皮层挖出幼虫。④利用成虫的趋光性，在成虫的羽化盛期（4～6 月），夜间利用黑光灯诱杀成虫。⑤ 5～10 月幼虫蛀食期，将根颈部土壤扒开，用 40% 乐果乳剂 25 倍液灌入虫道，至药液外流为止，然后用湿土封严，毒杀树干中或根部的幼虫。

## （十八）六星黑点蠹蛾

又名豹纹木蠹蛾、咖啡黑点蠹蛾等。属鳞翅目、豹蠹蛾科。

**1. 主要危害状**　幼虫蛀食枝干的皮层和木质部，破坏输导组织。使受害枝枯死，树势衰弱，树冠逐年缩小，造成严重减产，受害严重时可引起全株死亡。分布于河北、河南、陕西、江西及浙江等省（自治区）。

**2. 发生规律**　在华北地区 1 年发生 1 代，以老熟幼虫或蛹在寄主蛀道内越冬。翌年 5 月出现成虫，有趋光性，日伏夜出，卵产在伤口、粗皮裂缝处，卵期约 20 天。幼虫较活跃，有转移为害习性，先绕枝条环食，然后进入木质部蛀成孔道。由于地区不同及 11 月份的气温变化，该虫发育有异，则以老熟幼虫或蛹在蛀道内越冬。咖啡木蠹蛾生活习性与六星黑点蠹蛾相似，5～6 月出现成虫。初孵幼虫先食嫩芽和叶柄，以后转蛀 1～2 年生枝条。资料报道，咖啡木蠹蛾在华南地区 1 年发生 2 代，翌年 2～3 月成虫羽化，8～9 月为第二代成虫羽化期。

**3. 防治方法**　参见柳干木蠹蛾。

## （十九）大青叶蝉

大青叶蝉又名青跳蝉、大经浮尘子。属同翅目、叶蝉科。

**1. 主要危害状**　成虫晚秋在核桃苗木和枝条上产卵，产卵前先用产卵管割开表皮，形成月牙形产卵痕，然后产卵其中。由于成虫在枝干上群集活动，产卵密度较大，使枝干上遍体鳞伤，受害重的苗或幼树的枝条逐渐干枯死亡，或冬季晚受冻害。在全国普遍发生。

**2. 发生规律**　1 年发生 3 代，以卵在多种果树林木的枝条或幼树树干的表皮下越冬。翌年 4 月孵化出若虫。若虫孵化后即转移到附近及杂草上群集刺吸为害，并在这些寄生上繁殖

2 代。第一代成虫出现于 5～6 月份，第二代成虫出现于 7～8 月份，第三代于 9 月份开始出现，仍继续为害上述寄主，但在大田秋收后，即转移到秋菜或晚秋作物上，到 10 月中旬，成虫开始迁往核桃等果树上产卵，10 月下旬为产卵盛期，并以卵越冬。成、若虫喜在嫩绿植物上群集为害，有较强的趋光性。

**3. 防治方法**　①在成虫发生期，可利用其趋光性用灯光诱杀。②在成虫产越冬卵前，涂白幼树树干，可阻止成虫产卵。在幼树主干或主枝上缠纸条，也可阻止成虫产卵。③对着卵量较大的幼树，可组织人力用小木棍将树干上的卵块压死。此法简便有效。④在成虫产卵期，可喷洒 80％敌敌畏乳剂 1 000倍液，或 25％喹硫磷乳剂 1 000 倍液，均可收到良好效果。

### （二十）斑衣蜡蝉

斑衣蜡蝉又名斑衣、樗鸡、椿皮蜡蝉。属同翅目、蜡蝉科。

**1. 主要危害状**　以成虫、若虫群集在叶背、嫩梢上刺吸危害，栖息时头翘起，有时可见数十头末龄若虫群集在新梢上，排列成一条直线；引起被害植株发生煤污病或嫩梢萎缩、畸形等，严重影响植株的生长和发育。该虫主要分布于河北、河南、陕西、山东等省、自治区、直辖市。

**2. 发生规律**　每年发生 1 代，以卵块在枝干上越冬。翌年 4～5 月孵化为若虫，若虫喜群集于嫩茎和叶背为害，若虫期约 60 天，经 4 次蜕皮后羽化为成虫。8 月开始交尾产卵，以卵越冬。成、若虫均有群集性，活泼，弹跳力很强。成虫寿命达 4 个月，10 月下旬之后陆续死亡。

**3. 防治方法** ①核桃林附近不种植臭椿、苦楝等斑衣蜡蝉喜食的植物，以减少虫源。②结合冬季管理，将卵块压碎，彻底消灭虫卵。③在卵的孵化末期，喷洒 50％敌敌畏乳剂 1 000 倍液，或 50％对硫磷乳剂 2 000 倍液。

## （二十一）草履蚧

草履蚧又名草鞋介壳虫、草履硕蚧等，俗称树虱子。属同翅目、硕蚧科。

**1. 主要危害状** 若虫和雌成虫常成堆聚集在芽腋、嫩梢、叶片和枝杆上，吮吸汁液危害，造成植株生长不良，树势衰弱，降低产量。该虫分布于辽宁、河北、河南、山东等省、自治区、直辖市。

**2. 发生规律** 1 年发生 1 代。以卵在土中越夏和越冬；翌年 1 月下旬至 2 月上旬，在土中开始孵化，能抵御低温，在"大寒"前后的堆雪下也能孵化，但若虫活动迟钝，在地下要停留数日，温度高，停留时间短，天气晴暖，出土个体明显增多。孵化期要延续 1 个多月。若虫出土后沿茎杆上爬至梢部、芽腋或初展新叶的叶腋刺吸危害。雄性若虫 4 月下旬化蛹，5 月上旬蛹化为雄成虫，羽化期较整齐，前后 2 周左右，羽化后即觅偶交配，寿命 2～3 天。雌性若虫 3 次蜕皮后即变为雌成虫，自茎杆顶部继续下爬，经交配后潜入土中产卵。卵有白色蜡丝包裹成卵囊，每囊有卵 100 多粒。草履蚧若虫、成虫的虫口密度高时，往往群体迁移，爬满附近墙面和地面，令人厌恶。

**3. 防治方法** ①挖杀卵囊：冬季结合挖树盘、施基肥等办法，挖除根周围的卵囊，集中烧毁。②阻杀上树若虫：2月初将树干基部 10cm 宽的老皮刮除 1 周，然后涂上黏虫胶或废机油、棉油泥等。黏虫胶可用柴油（废机油、蓖麻油也可）500g，放入松香粉 250g，加热熔化后即可备用。③药杀下树雌虫：可利用雌成虫有交配后下树产卵的习性，在树干上刮除老皮后绑 5～10cm 宽的塑料薄膜，再在膜上涂黏虫药膏。药膏制法：黄油 10 份、机油 5 份、药剂 1 份，充分混匀即可。药剂可用对硫磷、溴氰菊酯等。④若虫期喷药防治：若虫发生期喷洒 25％西维因可湿性粉剂 400～500 倍液，或喷 5％吡虫啉乳油，或 50％杀螟松乳油 1 000 倍液。

### （二十二）桑盾蚧

桑盾蚧又名桑白蚧、桑白盾蚧。属同翅目、盾蚧科。

**1. 主要危害状** 以若虫和雌成虫群集固着在 2～5 年生枝干刺吸液汁。该虫在树上的分布趋势为上部多于中部，中部多于下部，阴面多于阳面，分杈处多于其他地方。受害严重植株上蚧壳密集重叠，似覆盖一层棉絮，严重削弱树势，使被害枝发育不良。受害植株一般上部枝叶开始萎缩、变黄、干枯，然后扩散至中部、下部，进而导致全株死亡。该虫广泛分布于东北、华北、华中、华南地区。

**1. 发生规律** 桑盾蚧在黔东南苗族侗族自治州境内发生 4 代，以受精雌成虫在枝干上越冬，2 月份后果树萌动之后开始吸食为害，虫体迅速膨大。2 月底至 3 月中旬为越冬成虫产卵盛期，第 1 代、第 2 代若虫孵化较整齐，第 3 代、第 4 代不甚整齐，世代重叠。第 1 代桑盾蚧孵化盛期至 1 龄若虫期为 2 月底至 3 月中旬；第 2 代桑盾蚧孵化盛期至 1 龄若虫期为 4 月下旬至 5 月上旬；第 3 代桑盾蚧孵化盛期至 1 龄若虫期为 6 月中旬；第 4 代桑盾蚧孵化盛期至 1 龄若虫期为 7 月下旬至 8 月初。

**3. 防治方法**　①采果后及时修剪，剪除受害重的枝条，控制枝条密度，使树冠通风透光，创造有利于核桃树生长，不利于桑白蚧繁殖的环境条件。②冬季用硬毛刷或细钢丝刷，刷掉枝干上的虫体。或在受害重的枝干上涂抹泥浆及石硫合剂残渣，也有一定效果。③在春季核桃树发芽前，枝干上喷布 3～4 波美度石硫合剂或 3%～4% 的黏土柴油乳剂。④若虫分散转移期喷药，是防治桑白蚧的关健时期。常用药剂：0.2～0.4% 的黏土柴油乳剂，0.2～0.4 波美度石硫合剂，90% 晶体敌百虫 800 倍液。

### （二十三）桃蛀螟

桃蛀螟又名桃蠹螟、桃斑蛀螟等。属鳞翅目、螟蛾科。

**1. 主要危害状**　以幼虫蛀食核桃果实，引起早期落果，也可将种仁吃空，丧失食用价值。在陕西、四川等核桃产区危害尤重。

**2. 发生规律**　每年发生代数因地区而异，北方 2～3 代，长江流域 4～5 代，均为老熟幼虫越冬。越冬场所有树皮裂缝、树洞、堆果场、向日葵花盘、玉米秸秆等处。翌年 4 月开始化蛹，5 月上中旬开始羽化。成虫昼伏夜出，对黑光灯有强趋性，对糖醋液也有趋性。交尾 3 天后开始产卵。越冬代成虫将卵散产于枝叶茂密处的核桃果面上，以两果相接处为多。每果着卵 2～3 粒，最多达 20 余粒。初孵幼虫做短距离爬行后蛀入果内，外表留有蛀孔。果实受害后，多从蛀孔流出黄褐色透明胶汁，常与排出的黑褐色粪便混在一起，黏附于果面，很易识

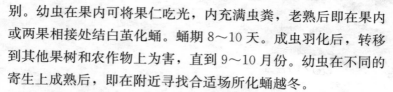

别。幼虫在果内可将果仁吃光，内充满虫粪，老熟后即在果内或两果相接处结白茧化蛹。蛹期8～10天。成虫羽化后，转移到其他果树和农作物上为害，直到9～10月份。幼虫在不同的寄生上成熟后，即在附近寻找合适场所化蛹越冬。

**3. 防治方法**　①冬季刮除核桃树的粗皮，清除残枝落叶，同时注意清除玉米、向日葵等的残株，以减少越冬幼虫。②在成虫发生期，利用黑光灯、糖醋液诱杀成虫。③捡拾落果，摘除虫果，集中处理，以消灭果内幼虫。④从越冬代成虫产卵盛期至幼虫孵化初期施药，以毒杀卵及初孵幼虫。药剂有50%杀螟松乳剂1 000倍液，50%倍硫磷乳剂1 000倍液，2.5%溴氰菊酯乳剂3 000倍液。

# 第九章 ·······················

# 核桃采后商品化处理技术

## 一、核桃采后商品化处理现状

### （一）国内商品化处理情况

我国核桃主要的产区分布在山区或丘陵地带，如云南、四川、陕西、山西、河北和北京等地，核桃的平原密植化栽培主要集中在新疆的南疆，现已初具规模。同其他树种一样，核桃也是依靠千万家农户的分散栽植，给核桃的采后处理标准化增加难度。

目前，我国核桃的采收仍然采用竹竿人工敲打，采收效率低，劳动强度大；普遍存在的问题是采收时间过早，且做不到按品种采收；此外，去青皮、清洗等基本上靠人工进行，核桃的干燥是采用自然晾干法，延缓了核桃产品上市的时间。在我国大多数核桃产区（新疆的南疆除外），在核桃自然干燥的过程中经常会遇到阴雨天气，核桃仁很容易发霉、长毛，颜色变深，商品等级下降。

近几年，我国科研、生产单位也陆续研制出一些小型核桃采后商品化处理机械，如新疆农业科学院、河北兴隆县林业局研制的脱核桃青皮及清洗机；云南大理研制的小型烘干机等，在生产中得到了初步的推广。

核桃去壳取仁采用冷水浸泡、人工砸取的方式，虽然能提高核桃整仁的出仁率，但也提高了仁的含水量，对核桃仁品质带来负面的影响。

### （二）美国核桃的商品化处理情况

在美国，核桃的采收、脱青皮、清洗、烘干等工序已完全实现了机械化。

**1. 核桃的采收** 每年 8 月末到 11 月是核桃的采收期。在 8 月末，当树上有 2/3 的核桃青皮开裂，标志着核桃果实可以采收了。核桃果实的采收是通过机械振荡器将核桃果实振落到地面上，通过机械将果实收集起来，运到加工厂进行脱青皮、漂洗、烘干、破壳取仁或带壳包装等处理。

由于品种化的核桃都是采用嫁接的方法进行繁育，在嫁接部位很容易由于震荡而开裂，特别是 4～6 年生的幼树容易发生这种问题。因此，对采收工人需要进行技能培训，包括震荡的部位、力度等。机械收果机通过风选的方法去掉大部分的泥土、树叶和枝条等杂物，将果实传送到车斗里运走。由于采用机械化采收，核桃的株行距一般为 5m×6m，或 8m×8m，因品种特性而不同，树干高度为 1.8m。

**2. 核桃的去青皮及挑选** 第一步：将运到的核桃先传送到一个水池里，采用水洗的方法去掉核桃果里残留树叶、青皮等杂物，通过电子色差分离机将青皮为黑色的核桃（品质不好）挑选出来。

第二步：将品质好的核桃进行脱青皮处理，用传送带将青皮运走。

第三步：脱过青皮的核桃再次进行水洗，将青皮脱得不彻底的核桃人工挑选出再次进行处理。

第四步：将上述处理过的核桃用传送带运到干燥箱内进行干燥。

**3. 核桃的干燥** 核桃烘干采用机械热风干燥法，可以使核桃仁的含水量很快降低到 8%，使核桃仁的品质在贮藏期间得到保证。机械热风干燥法比以往的晾晒法有很大的改进，主要体现在脱水速率快、完全、便于控制等方面。

干燥的方式有固定箱式、吊箱式和拖车式，最常用的是固定箱式。固定箱式是由若干个箱子组成，坚果从上方灌入，总容量约为 25t，每个箱内放 1～5t 坚果，箱子底板呈 35°角倾斜，坚果放入时，可沿箱底滑入，箱深 6～8 英尺（183～244cm），加热至 43.3℃的热风以 70～120cm/平方英尺的速率吹过核桃堆。箱子底部有一活门，干燥的核桃由活门落到传送带上，送入运输车或货箱内。

采回坚果的田间原含水量对干燥时间有显著的影响，最早采收的坚果含水量在 30%～40%，需要干燥 36～48h，最后采收的坚果含水量以几乎接近干燥状态约 8%的含水量，只需略微干燥即可。漂洗干净、烘干好的核桃进行带壳贮藏，需要核桃仁时再从贮藏库将带壳核桃提取出来，送往去壳车间，用机械破壳机将核桃壳压碎进行破壳取仁。将破壳后的核桃仁按大小进行分级，用气流法将仁与碎壳进行分离。通过提升机和运送机等系统，核桃仁通过电子色差分离机和激光分类机，分成不同等级产品。最后经过培训有素的质检员检验后，才可以进行包装。包装方式有两种，一是塑料袋，二是纸箱。所有核桃产品必须符合或超出核桃市场委员会所制定的质量标准。

# 二、适期采收

核桃的适时采收非常重要。采收过早，青皮不易剥离，种仁不饱满，出仁率低，加工时出油率低，而且不耐贮藏。采收过晚，则果实易脱落，同时青皮开裂后停留在树上的时间过长，会增加受霉菌感染的机会，导致坚果品质下降。核桃果实的成熟期，因品种和气候条件不同而异。早熟与晚熟品种成熟期可相差 10～25 天。一般来说，北方地区的成熟期多在 9 月上旬至中旬，南方相对早些。同一品种在不同地区的成熟期有所差异，如辽宁 1 号品种在大连地区于 9 月中下旬成熟，在河南 9 月上旬成熟。同一地区内的成熟期也有所不同，平原区较山区成熟早，低山位比高山位成熟早，阳坡较阴坡成熟早，干旱年份比多雨年份成熟早。

核桃果实成熟的外观形态特征：青果皮由绿变黄，部分顶部开裂，青果皮易剥离。此时的内部特征：种仁饱满，幼旺成熟，子叶变硬，风味浓香。这时才是果实采收的最佳时期。目前，生产中采收多数偏早，应予以注意。

# 三、采收方法

核桃的采收方法有人工采收法和机械震动采收法两种。人工采收就是在果实成熟时，用竹竿或带弹性的长木杆敲击果实所在的枝条或直接触落果实，这是目前我国普遍采用的方法。其技术要点是敲打时应该从上至下，从内向外顺枝进行，以免损伤枝芽，影响翌年产量。机械震动采收是在采收前 10～20

天，在树上喷布 $500\sim2\,000\mu g/L$ 的乙烯利催熟，然后用机械震动树干，使果实震落到地面，这是近年来国外试用的方法。此法的优点是青皮容易剥离，果面污染轻。但其缺点是因用乙烯利催熟，往往会造成叶片在早期脱落而削弱树势。

# 四、脱青皮的漂洗技术

## （一）脱青皮的方法

**1. 堆沤脱皮法**　是我国传统的核桃脱皮方法。其技术要点是果实采收后及时运到室外阴凉处或室内，切忌在阳光下曝晒，然后按 50cm 左右的厚度堆成堆（堆积过厚易腐烂）。若在果堆上加一层 10cm 左右厚的干草或干树叶，则可提高堆内温度，促进果实后熟，加快脱皮速度。一般堆沤 3～5 天，当青果皮离壳或开裂达 50％以上时，即可用棍敲击脱皮。对未脱皮者可再堆沤数日，直至全部脱皮为止。堆沤时切勿使青果皮变黑，甚至腐烂，以免污液渗入壳内污染仁，降低坚果品质和商品价值。

**2. 药剂脱皮法**　由于堆沤脱皮法脱皮时间长，工作效率低，果实污染率高，对坚果商品质量影响较大。所以，自 20 世纪 70 年代以来，一些单位开始研究利用乙烯利催熟脱皮技术，并取得了成功。其具体做法：果实采收后，在浓度为 0.3％～0.5％乙烯利溶液中浸蘸约半分钟，再按 50cm 左右的厚度堆在阴凉处或室内，在温度为 30℃、相对湿度 80％～90％的条件下，经 5 天左右，离皮率可高达 95％以上。若果堆上加盖一层厚 10cm 左右的干草，2 天左右即可离皮。据测定，此法的一级果比例比堆沤法高 52％，核仁变质率下降到 1.3m，缩短脱皮时间 5～6 天，且果面洁净美观。乙烯利催熟时间长短和用药浓度大小与果实成熟度有关，果实成熟度高，用药浓度低，催熟时间也短。

## （二）坚果漂洗

核桃脱青皮后，如果坚果作为商品出售，应先进行洗涤，清除坚果表面残留的烂皮、泥土和其他污染物，然后再进行漂白处理，以提高坚果的外观品质和商品价值。洗涤的方法：将脱皮的坚果装筐，把筐放在水池中（流水中更好），用竹扫帚搅洗。在水池中洗涤时，应及时换清水，每次洗涤 5min 左右，洗涤时间不宜过长，以免脏水入渗入壳内污染核仁。如不需漂白，即可将洗好的坚果摊放在席箔上晾晒。除人工洗涤外，也可用机械洗涤，其工效较人工清洗高 2～3 倍，成品率高 10% 左右。

如有必要，特别是用于出口外销的坚果洗涤后还需漂白。具体做法：在陶瓷缸内（禁用铁木制容器），先将次氯酸钠（漂白精，含次氯酸钠 80%）溶于 5～7 倍的清水中，然后再把刚洗净的核桃放入缸内，使漂白液浸沿坚果，用木棍搅拌 3～5min。当坚果壳面变为白色时，立即捞出并用清水冲洗两次，晾晒。只要漂白不变浑浊，即可连续漂洗（一般一缸漂白液可洗 7～8 批）。

用漂泊粉漂洗时，先把 0.5kg 漂白粉加温水 3～4L 溶解开，滤去残渣，然后在陶瓷缸内对清水 30～40L 配成漂白液，再将洗好的坚果放入漂白液中，搅拌 8～10min，当壳面变白时，捞出后清洗干净，晾干。使用过的漂白液再加 0.25kg 漂白粉即可继续漂洗。每次漂洗核桃 40kg。

作种子用的核桃坚果，脱皮后不必洗涤和漂白，可直接晾干后贮藏备用。

### （三）坚果晾晒

核桃坚果漂洗后，不可在阳光下曝晒，以免核壳破裂，核仁变质。洗好的坚果应先在竹箔或高粱秸箔上阴干半天，待大部分水分蒸发后再摊放在芦席或竹箔上晾晒。坚果摊放厚度不应超过两层果，过厚容易发热，使核仁变质，也不易干燥，晾晒时要经常翻动，以免种仁背光面变为黄色。注意避免雨淋和晚上受潮。一般经 5～7 天即可晾干。判断干燥的标准：坚果碰敲声音脆响，横隔膜易于用手搓碎，种仁皮色由乳白变为淡黄褐色，种仁含水量不超过 8%。晾晒过度，种仁会出油，同样降低品质。

除自然晾晒外，秋雨连绵时，也可用火坑烘干。坚果的摊放厚度以不超过 15cm 为宜，过厚不便翻动。烘烤也不均匀，易出现上湿下焦，过薄易烤焦或裂果。烘烤温度至关重要，刚上坑时坚果湿度大，烤房温度在 25～30℃ 为宜，同时要打开天窗，让大量水气蒸发排出。当烤到四五成干时，关闭天窗，将温度升到 35～40℃；待到七八成干时，使温度降到 30℃ 左右，最后用文火烤干为止。果实上坑后到大量水气排出之前，不宜翻动果实，经烤烘 10h 左右，壳面无水时才可翻动，越接近干燥，翻动越勤。最佳阶段每隔 2h 翻一次。

# 五、分级和包装

## （一）坚果分级标准和包装

根据核桃外贸出口要求，坚果依直径大小分三等：一等为

30mm 以上，二等为 28～30mm，三等为小于 28mm、大于 26mm。出口核桃除要求坚果大小主要指标外，还要求壳面光滑、洁白、干燥（核仁含水量不得超过 6.5%），成品内不允许夹带任何杂果。不完善果（欠熟、虫蛀、霉烂及破裂果）总计不得超过 10%。

根据我国国家标准局于 1987 年颁布的《核桃丰产与坚果品质》国家标准，将核桃坚果分为以下四级：

**1. 优级**　要求坚果外观整齐端正（畸形果不超过 10%），果面光滑或较麻，缝合线平或低；平均单果重不小于 8.8g；内褶壁退化，手指可捏破，能取整仁；种仁黄白色，饱满；壳厚度不超过 1.1mm；出仁率不低于 59%；味香，无异味。

**2. 一级**　外观同优级。平均单果重不小于 7.5g，内褶壁不发达，两个果用手可以挤破，能取整仁；种仁深黄白，饱满；壳厚度 1.2～1.8mm；出仁率为 50%～58.9%；味香，无异味。

**3. 二级**　坚果外观不整齐、不端正，果面麻，缝合线高；单果平均重量不小于 7.5g；内褶壁不发达，能取整仁或半仁；种仁深黄色，较饱满；壳厚 1.2～1.8mm；出仁率为 43%～49.9%；味稍涩，无异味。

**4. 等外**　抽检样品中夹仁坚果数量超过 5% 时，列入等外。

同时标准中还规定：露仁、缝合线开裂、果面或种仁有黑斑的坚果超市抽检样品数量的 10%，不能列为优级和一级品。

核桃坚果的包装一般都用麻袋，出口商品可根据客商要求，每袋装 45kg 左右，包口用针线缝严，并在袋左上角标注批号。

## （二）取仁方法和分级标准与包装

**1. 取仁方法**　核桃取仁有人工取仁和机械取仁两种。我国仍沿用人工砸取的方法。砸仁时应注意将缝合线与地面平行放置，用力要匀，切忌猛击和多次连击，尽可能提高整仁率。为了减轻坚果砸开后种仁受污染，砸仁之前一定要清理好场地，保持场地的卫生，不可直接在地上砸，坚果砸破后先装入干净的筐篓中或堆放在席子或塑料布上，砸完后再剥出核仁。剥仁时，最好戴上干净手套，将剥出的仁直接放入干净的容器或塑料袋内，然后再分级包装。

**2. 核桃仁的分级标准与包装**　根据核仁颜色和完善程度将核仁划分为八级（行业术语称"路"）

白头路：1/2 仁，淡黄色；

白二路：1/4 仁，淡黄色；

白三路：1/8 仁，淡黄色；

浅头路：1/2 仁，淡琥珀色；

浅二路：1/4 仁，淡琥珀色；

浅三路：1/8 仁，淡琥珀色；

混四路：碎仁，种仁色浅且均匀；

深三路：碎仁，种仁深色。

在核桃仁分级、收购时，除注意种仁颜色和仁片大小外，还要求种仁干燥，水分不超过 5%；种仁肥厚，饱满，无虫蛀，无霉烂变质，无异味，无杂质。不同等级的核桃仁，出口价格不同，白头路最高，浅头路次之，但完全符合白头路与浅头路两个等级的商品量不大。我国大量出口的商品主要为白二路、白三路、浅二路和浅三路四个等级，混四路和深三路均作内销或加工用。

核桃仁出口要求按等级做纸箱或木箱包装。做包装核桃仁木箱的木材不能有怪味。一般每箱核仁净重 2 025kg。包装时应采取防潮措施，一般是在箱底和四周衬垫硫酸纸等防潮材料，装箱之后立即封严，捆牢，并注意重量、等级、地址、货号等。

# 六、核桃的贮藏

由于核桃仁中脂肪含量比较高，在贮藏过程中较易发生氧化酸败，引起品质下降。为了解决这一问题，国内外学者进行了多方面的研究。

## （一）普通室内贮藏

即将晾干的核桃装入布袋或麻袋中，放在通风、干燥的室内贮藏，或装入筐（篓）内堆放在阴凉、干燥、通风、背光的地方。为避免潮湿，最好堆下垫砖石块或木板，使袋子离地面40～50cm，并可严防鼠害。少量作种子用的核桃可以装在布袋中挂起来。该种方法只适合核桃短期存放，在常温下能贮藏到夏季来临之前，核桃仁的品质基本保持不变。如过夏易发生霉烂、虫害。

## （二）低温贮藏

长期贮存核桃应有低温条件。贮藏时间较长，数量不大的核桃，可封入聚乙烯袋，在冰箱 0～5℃条件下贮藏。数量较大时，最好用麻袋或冷藏箱包装，放在 0～5℃的恒温冷库中贮藏，核桃仁的品质可保持 2 年。

### （三）膜帐密封贮藏

在核桃贮藏量大、又不具备冷库条件时，可采用塑料薄膜帐密封贮藏。选用 0.2～0.23mm 厚的聚乙烯膜帐密封贮藏。帐的大小和形状可根据存贮数量和仓贮条件设置。然后将晾干的核桃封于帐内贮藏，帐内含氧量在 2% 以下。北方冬季气温低，空气干燥，秋季入帐的核桃，不需立即密封，待翌年 2 月下旬气温逐渐回升时再进行密封。密封应选择低温、干燥的天气进行，使帐内空气相对湿度不高于 50%～60%，以防密封后霉变。南方秋末冬初气温高，空气湿度大，核桃入帐时必须加吸湿剂，并尽量降低贮藏室内的温度。当春末夏初，气温上升时，在密封的帐内贮藏亦不安全，这时可配合充二氧化碳或充氮降氧法。充二氧化碳可使帐内的二氧化碳浓度升高，既能抑制呼吸，减少损耗，又可抵制霉菌的活动，防止霉烂。如果二氧化碳浓度达到 50% 以上，还可防止油脂氧化而产生的酸败现象（俗称哈喇味）及虫害。若帐内充氮量保持在 1% 左右，不但具有与上述二氧化碳同样的效果，还可以在一定程度上防止衰老，贮藏效果也很理想。

核桃仁的贮藏一般需要低温条件，在 1.1～1.7℃ 条件下，核桃仁可贮藏 2 年而不腐烂。此外，采用合成的抗氧化材料包装核桃仁也可抑制因脂肪酸氧化而引起的腐败现象。

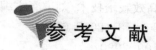

# 参考文献

曹尚银 . 2010. 优质核桃规模化栽培技术 [M] . 北京：金盾出版社 .

李建中 . 2009. 核桃栽培新技术 [M] . 郑州：河南科学技术出版社 .

苗卫东，扈惠灵，刘遵春 . 2013. 核桃生产实用技术 [M] . 金盾出版社 .

孙益知等 . 2009. 核桃病虫害防治新技术 [M] . 北京：金盾出版社 .

杨源 . 2008. 核桃丰产栽培新技术 [M] . 昆明：云南科技出版社 .

张美勇 . 2008. 薄壳早实核桃栽培技术百问百答 [M] . 北京：中国农业出版社 .

张志华，王红霞，赵书岗 . 2009. 核桃安全优质高效生产配套技术 [M] . 北京：中国农业出版社 .

**图书在版编目（CIP）数据**

核桃优质丰产高效栽培技术/刘遵春主编 . —北京：
中国农业出版社，2015.8（2018.6 重印）
ISBN 978-7-109-20907-7

Ⅰ.①核… Ⅱ.①刘… Ⅲ.①核桃－果树园艺 Ⅳ.
①S664.1

中国版本图书馆 CIP 数据核字（2015）第 208247 号

中国农业出版社出版
（北京市朝阳区麦子店街 18 号楼）
（邮政编码 100125）
责任编辑 王玉英

中国农业出版社印刷厂印刷 新华书店北京发行所发行
2015 年 8 月第 1 版 2018 年 6 月北京第 2 次印刷

开本：850mm×1168mm 1/32 印张：5.375
字数：120 千字
定价：25.00 元
（凡本版图书出现印刷、装订错误，请向出版社发行部调换）